Geheimnisse des Erfolgs

Herausgegeben von
M.O. Opresnik, Lübeck, Deutschland

„Geheimnisse des Erfolgs" ist eine Buchreihe die erfolgskritische Themen mit wissenschaftlichem Hintergrund analysiert und praxisnah präsentiert. In hervorragend aufbereiteter und leicht fassbarer Form vermittelt sie dem Leser komplexe Themen aus dem Themenkomplex der Soft Skills. Abseits von verkürzten Ideen arbeitet diese Reihe fundiert das Wesentliche aus dem Bereich der heutzutage unerlässlichen „überfachlichen Qualifikationen" heraus. Die Bücher eignen sich damit für alle Leser, welche fundierte und in der Praxis bewährte Ideen suchen, um im Privaten wie Beruflichen erfolgreicher zu werden.

Weitere Bände in dieser Reihe http://www.springer.com/series/15207

Marc Oliver Opresnik · Oguz Yilmaz

Die Geheimnisse erfolgreichen YouTube-Marketings

Von YouTubern lernen und Social Media Chancen nutzen

 Springer Gabler

Marc Oliver Opresnik
Professur für Betriebswirtschaftslehre,
insbesondere Marketing und Management
Luebeck University of Applied Sciences
Public Corporation
Lübeck, Deutschland

Oguz Yilmaz
whylder,
Köln, Deutschland

Geheimnisse des Erfolgs
ISBN 978-3-662-50316-4   ISBN 978-3-662-50317-1 (eBook)
DOI 10.1007/978-3-662-50317-1

Die Deutsche Nationalbibliothek verzeichnet diese Publikation in der Deutschen National-
bibliografie; detaillierte bibliografische Daten sind im Internet über http://dnb.d-nb.de abrufbar.

Einbandgestaltung: deblik, Berlin

Gedruckt auf säurefreiem und chlorfrei gebleichtem Papier

Springer Gabler ist Teil von Springer Nature
Die eingetragene Gesellschaft ist Springer-Verlag GmbH Berlin Heidelberg

*Ich widme dieses Buch meiner Frau
Charlotte, meiner Tochter Christine und
meinem Sohn Simon*
Marc Oliver Opresnik

*Ich widme dieses Buch meiner Frau
Sarah, meiner Familie, Phil und TC*
Oguz Yilmaz

Inhaltsverzeichnis

Einleitung – YouTube als elementares Marketinginstrument in der digitalen Welt

Der Siegeszug des Online-Marketings ist nicht mehr aufzuhalten. Für Selbstständige, Unternehmen, Freiberufler und sonstige Entscheider hat das Online-Marketing kontinuierlich an Bedeutung gewonnen, da heute das gesamte Spektrum der klassischen Kommunikation digital bedient werden kann.

Ob Sie in der freien Wirtschaft, als Selbstständiger oder bei einer Behörde arbeiten, ob Sie einem Verband angehören oder in vollkommen anderen Bereichen tätig sind: Sie tun gut daran zu prüfen, in welcher Form Sie sich des Online-Marketings bedienen sollten. Neueinsteiger, die sich bisher noch nicht in der einen oder anderen Form online engagieren, finden in unserem digitalen Leitfaden viele Anregungen, die ihnen helfen auf lange Sicht nicht an den Rand der Aufmerksamkeit gedrängt zu werden und vom Markt zu verschwinden. Denn wer dort nicht zu finden ist, wo sich seine Zielgruppe tummelt, verschwindet aus dem Blickfeld einer immer größeren Kunden- und Nutzercommunity.

In der täglichen unternehmerischen Praxis entsteht ein Entscheidungsdreieck zwischen eigenen Kommunikationsmaßnahmen (= „owned Media"), den ergänzend dazu zu schaltenden Medien (= „paid Media") und den über Social Media Anwendungen erreichbaren Impulsen (= „earned Media"). Um dieses Szenario perfekt zu beherrschen, ist es unerlässlich, die Möglichkeiten und Herausforderungen der neuen digitalen Kommunikationswege und ihre Gesetzmäßigkeiten präzise zu kennen.

Eine herausragende Bedeutung kommt in diesem Kontext der Media-Sharing-Plattform *YouTube* zu: Mit mehr als einer Milliarde Nutzern und monatlich über sechs Milliarden Stunden abgerufenem Videomaterial ist *YouTube* seit seiner Gründung im Februar 2005 zur absoluten Nummer 1 der Online-Videoplattformen geworden. *YouTube* hat sich dabei zu einem sozialen Netzwerk und einer der wichtigsten Marketing-Plattformen für Unternehmen, Selbstständige

© Springer-Verlag Berlin Heidelberg 2016
M.O. Opresnik und O. Yilmaz, *Die Geheimnisse erfolgreichen YouTube-Marketings,*
Geheimnisse des Erfolgs, DOI 10.1007/978-3-662-50317-1_1

und Freiberufler entwickelt. Besonders die werberelevante Zielgruppe der jungen User, vornehmlich bestehend aus Vertretern der Generationen Y und Z, sucht nicht nur nach lustigen „Katzen-Videos" für die Mittagspause, sondern informiert sich über Menschen, Produkte und Unternehmen. Damit ist *YouTube* neben Facebook und anderen Social Media Kanälen eines der wichtigsten Marketinginstrumente in der digitalen Welt – für Unternehmen, aber auch für die Selbstvermarktung von Freiberuflern oder Künstlern. Die klassischen – statischen – Homepages spielen bei Persönlichkeiten des öffentlichen Lebens eine immer untergeordnetere Rolle, betont *Dr. Sandra Maria Gronewald*, Moderatorin der Sendung „Hallo Deutschland" im *ZDF*. Dies Kommunikation über soziale Netzwerke ist schneller und dynamischer, so die studierte Journalistin, welche beim international ausgestrahlten Auslandsfernsehsender *„Deutsche Welle (DW)"* das Reisemagazin *„Discover Germany"* auf drei Sprachen moderiert.

Obgleich sich *YouTube* inzwischen zur weltweit größten Videoplattform entwickelt hat, unterschätzen Unternehmen deren Bedeutung als Social Media Netzwerk. Dieser Ratgeber möchte als Leitfaden dienen und Ihnen den Weg aufzeigen, wie Online-Marketing und Kundenkommunikation erfolgreich mittels *YouTube-Videos* gestaltet werden können. Ungeachtet der Tatsache, dass zumeist Unternehmen wie Coca-Cola, BMW oder Apple für ihr ausgezeichnetes *YouTube-Marketing* gelobt werden, steckt auch in kleinen und mittelständischen Unternehmen, Selbstständigen und Künstlern das Potenzial, über *YouTube* erfolgreiches Online-Marketing zu betreiben, ihren Bekanntheitsgrad signifikant zu steigern und letztlich wesentlich erfolgreicher am Markt zu agieren. Und genau hierbei soll dieser Ratgeber Ihnen helfen! Produkt-Videos, Unternehmens-Videos oder Interviews – *YouTube-Marketing* hat viele Facetten, welche in diesem Buch vorgestellt werden. Es vermittelt Grundlagen zum Video-Marketing und baut auf diese Weise ein Grundverständnis für *YouTube* als Kommunikations- und Marketingkanal auf.

Das ist aber noch nicht alles. Dieses Buch ähnelt einem Reiseführer. Wir stellen alle „Sehenswürdigkeiten" des Online-Marketings mit *YouTube* vor und Sie erfahren gleichzeitig, wie Sie den richtigen Weg für sich und Ihr Vorhaben beschreiten können. Wir gehen über die Basics hinaus. Hier lesen Sie also beispielsweise nicht nur, *dass* Sie mit *YouTube-Usern* interagieren müssen, um eine erfolgreiche Online-Kommunikation zu betreiben, sondern Sie lernen auch, *wie* Sie sich ein Netzwerk aufbauen und eine dauerhafte Basis für die Interaktion mit Ihren Kunden schaffen und diese aufrechterhalten – präzise und leicht nachvollziehbar geschrieben. Darüber hinaus erhalten Sie anhand zahlreicher Praxisbeispiele und Ratschläge von prominenten Persönlichkeiten und Experten, die exklusiv für dieses Buch befragt worden sind, wertvolle Hinweise, wie Sie Online-Marketing mittels *YouTube* erfolgreich gestalten können.

Ein besonderes Alleinstellungsmerkmal erreicht dieses Buch dadurch, dass mit *Oguz Yilmaz* von *„Y-Titty"* einer der erfolgreichsten *YouTube-Stars* Deutschlands als Co-Autor fungiert und seine herausragende Erfahrung in Bezug auf erfolgreiches Online-Marketing mit *YouTube* in diesen Ratgeber eingeflossen ist.

In leicht verständlichen Anleitungen zeigt Ihnen dieser Ratgeber nicht nur, wie *YouTube* im Detail funktioniert, sondern auch, wie Sie dieses Medium zum festen Bestandteil einer modernen Marketingstrategie machen können. Sie lernen das Erstellen ansprechender Videos vom Konzept über den Schnitt bis hin zur Veröffentlichung und Sie erfahren, mit welchen Instrumenten Sie Ihren Erfolg messen können.

Wir haben dieses Buch für alle Unternehmen, Selbstständige, Freiberufler und Marketingverantwortliche aus allen Branchen geschrieben, die das enorme Potenzial von *YouTube* mittels effektiver Online-Videos nutzen und auf diese Weise erfolgreicher sein wollen. Ganz gleich zu welcher der o. g. Zielgruppen Sie gehören: Sie müssen einfach wissen,

- welche Bedeutung Social Media Marketing für Ihren Erfolg hat,
- was Online-Videos als Marketinginstrument leisten können,
- was ein erfolgreiches Online-Video kennzeichnet,
- welches Video für welche Zielsetzung und welches Unternehmen geeignet ist,
- ob Sie die Videos in Auftrag geben oder selber produzieren sollen,
- wie Sie den passenden Dienstleister finden,
- wie Sie ein erfolgreiches Online-Video planen und produzieren,
- wie Sie ein Video erfolgreich über die eigene Website und YouTube verbreiteten,
- wie Sie den Erfolg messen und welche Techniken und Tools Sie hierzu einsetzen können und
- welche „Kniffe" und „Tricks" es gibt

Dieser Ratgeber verfolgt somit zwei Ziele: Sie erhalten das Rüstzeug, mit dem Sie Ihre Online-Marketing-Strategie hinsichtlich Ihrer Ziele *theoretisch* durchdringen und *praktisch* Ihre Ergebnisse in Bezug auf Steigerung der Markenbekanntheit oder der Kundenbindung verbessern.

Der *Aufbau* des Buchs entspricht dem Prozess erfolgreichen Online-Marketings mit *YouTube*. In Kap. 2 werden zunächst die Grundlagen des Online-Marketings und von Social Media dargestellt. In Kap. 3 wird auf die Rolle von

Online- Videos im Allgemeinen und die Bedeutung von *YouTube* als Marketing-kanal in Besonderem eingegangen. In Kap. 4 werden dann Aufbau und Struktur der Videoplattform erläutert und dargestellt, wie Sie Ihren eigenen Kanal einrichten können. Anschließend zeigt Kap. 5, wie Sie relevante Themen für die Videoformate finden können und welche Bedeutung ein Redaktionsplan hat. In Kap. 6 geht es um das Erstellen von Inhalten für den *YouTube-Kanal*. Dabei werden auch technische Anforderungen sowie das notwendige Equipment thematisiert. Damit die neu produzierten Inhalte auch Ihren Weg ins Internet und somit Ihr Zielpublikum finden, widmet sich Kap. 7 der Optimierung Ihrer Videos. Kap. 8 zeigt auf, welche Werbemöglichkeiten Ihnen auf *YouTube* zur Verfügung stehen. Die *YouTube-Community* sowie die erfolgreiche Verbreitung Ihrer Online-Videos thematisieren die Kap. 9 und 10. Kap. 11 nennt die wesentlichen Erfolgsfaktoren im Hinblick auf *YouTube-Marketing*. Anschließend zeigt Ihnen Kap. 12 Möglichkeiten auf, wie Sie Erfolg messen und analysieren können. Abschließend erfolgt in Kap. 13 ein Ausblick hinsichtlich der zukünftigen Bedeutung von *YouTube* als integraler Bestandteil der Unternehmenskommunikation.

Bevor es losgeht noch zwei grundlegende Bemerkungen: Die deutsche Sprache unterscheidet zwischen „ihm" und „ihr". Wenn im Folgenden dennoch ausschließlich von „ihm" die Rede ist, ist „sie" immer mit gemeint. Es sind selbstredend stets beide Geschlechter angesprochen, im Interesse einer besseren Lesbarkeit wurde aber auf die Anwendung beider Schreibweisen verzichtet.

Dieses Buch wendet sich – wie eingangs erwähnt – an alle Personen, die erfahren möchten, wie sie ihr Potenzial im Bereich Online-Marketing mittels *YouTube* optimal ausnutzen und ausbauen können. Es ist als ein Wegweiser gedacht. Wenden Sie die entsprechenden Konzepte und Ratschläge praktisch an! Trainieren Sie Ihre Fähigkeiten! Als der irisch-britische Dramatiker und Literaturnobelpreisträger *George Bernard Shaw* (1856–1950) gefragt wurde, wie er gelernt habe, so überzeugend und einnehmend zu reden, antwortete er: „Ich habe es auf die gleiche Weise gelernt, wie ich das Schlittschuhlaufen gelernt habe – indem ich mich mit Ausdauer zum Narren machte, bis ich es konnte".

Holen Sie sich durch intensive Lektüre und das Arbeiten mit diesem Buch das Rüstzeug für erfolgreiches Online-Marketing mit *YouTube,* wenden Sie es an, und steigern Sie Ihren Erfolg!

Grundlagen des Online- und Social-Media-Marketings

2

Relevanz von Online-Marketing und Social Media

Für Selbstständige und Freiberufler, Künstler und Unternehmen ist das Internet aus dem Marketing nicht mehr wegzudenken. Seit der Öffnung des Internets für kommerzielle Zwecke Anfang der 90er Jahre können wir eine zunehmende Nutzung in Unternehmen im Allgemeinen und im Rahmen von Marketing-Strategien im Besonderen beobachten. Auch in der Kommunikationspolitik lässt sich die hohe Relevanz des Internets für das Marketing ablesen. Nach einer Statistik vom *Online-Vermarkterkreis (OVK)* des *Bundesverbands Digitale Wirtschaft (BVDW)* sowie Erhebungen des Statistischen Bundesamts zu Folge wurde 2013 fast ein Viertel aller Werbeausgaben im Internet getätigt. Abb. 1 zeigt die Entwicklung des Bruttomediamix in der Werbung von 2005–2013 nach Anteil der Werbeträger.

Schauen wir zur Verdeutlichung einmal auf unser eigenes Verhalten: Wir kaufen und informieren uns online, lesen Bücher und Nachrichten digital, hören Musik per MP3-Player oder über Streaming-Dienste. Die Videothek kommt per Internet und Streaming zu unseren stationären Geräten und vor allem immer öfter unterwegs auf unseren Mobilgeräten wie Tablets oder Smartphones „ins Haus". Netflix, Amazon und *YouTube* ersetzen für immer mehr Menschen das Fernsehprogramm. So schaut beispielsweise die 13-jährige *Sophia*, Schülerin einer Gesamtschule in Norddeutschland, fast gar kein Fernsehen mehr. Stattdessen ist sie täglich auf *YouTube* unterwegs, um auf dem neuesten Stand zu bleiben. Der Zahlungsverkehr wird online abgewickelt und wir checken per Smartphone für Flüge ein. Unser komplettes Leben, die gesamte Gesellschaft digitalisiert sich immer mehr. Und mit dem *„Internet of Things"* kommt eine noch größere

© Springer-Verlag Berlin Heidelberg 2016

M.O. Opresnik und O. Yilmaz, *Die Geheimnisse erfolgreichen YouTube-Marketings*, Geheimnisse des Erfolgs, DOI 10.1007/978-3-662-50317-1_2

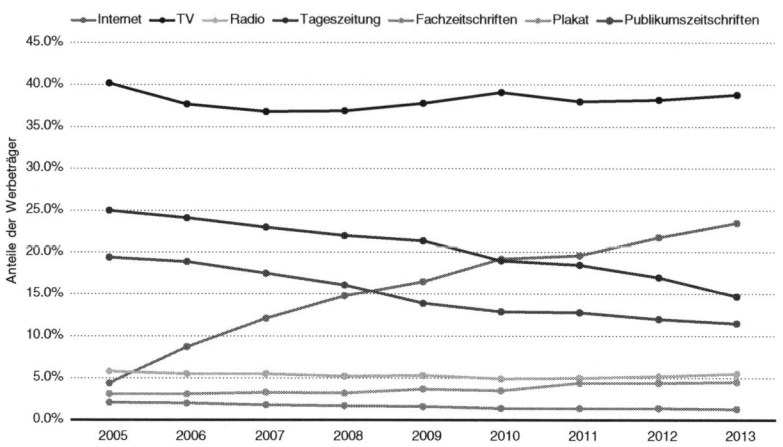

Abb. 1 Entwicklung des Bruttomediamix in der Werbung von 2005 bis 2013 (nach Anteil der Werbeträger). (Quelle: Statista.com 2014)

Digitalisierungswelle auf uns zu, welche dazu führt, dass der Kühlschrank die Milch nachbestellt – selbstverständlich im Onlineshop.

Wir – als Endkunden – erwarten nicht nur, dass alles online verfügbar ist, sondern dies auch rund um die Uhr, und zwar von jedem Endgerät aus, egal ob klassischer Rechner, Smartphone oder Tablet. Das gilt auch für Services wie Versicherungen: online verglichen und direkt abgeschlossen – zusätzlich für Produkte, die noch nicht in Digitalform verfügbar sind (oder es nicht sein können). Diese sollten aber spätestens am nächsten Tag physisch zustellbar sein.

Auf all diese Kundenanforderungen müssen Unternehmen stärker zielgerichtet, schneller sowie effektiver und effizienter reagieren. Der Schlüssel dafür ist die *Digitalisierung.* Einige traditionelle Unternehmen waren im Kampf um die Kunden nicht erfolgreich. Dazu gehört zum Beispiel das Versandunternehmen *Quelle,* das sich in seiner ursprünglichen Konstitution nicht behauptete und in Zusammenhang mit der Insolvenz der *Arcandor AG* aufgelöst und in Teilen verkauft werden musste. Demgegenüber ist der Handelskonzern *Otto* schnell auf den Online-Zug aufgesprungen. Parallel zeigen junge Unternehmen wie *Zalando* wie sich Schuhe und Mode über das Web verkaufen lassen.

Unternehmen müssen sich daher für die Zukunft rüsten und eine digitale Strategie entwickeln. Und es reicht in diesem Zusammenhang nicht, einfach einen Online-Shop zu eröffnen oder ein Facebook-Profil aufzusetzen. Digitale Strategie bedeutet, sich alle Bereiche des Unternehmens anzuschauen – von den Prozessen und Technologien über die Produkte und Services bis zur Kundenerwartung und Überprüfung der Geschäftsmodelle. Problematisch ist, dass zwar diverse Firmen dementsprechend eine Präsenz in den sozialen Medien haben, diese dort aber nicht richtig gepflegt oder betreut wird und daher regelrecht „verkümmert", betont *Martin Maibom,* Account Manager bei *Pearson Education,* dem weltweit führenden Anbieter von Bildungsinhalten.

Vor diesem Hintergrund müssen Unternehmen verstärkt versuchen, *Online-Marketing* und *Social Media* (auch *soziale Medien* genannt) zur Erreichung eigener Marketingziele nutzbar zu machen. Social Media ist dabei zunächst ein Sammelbegriff für Online-Medien und -Technologien, welche den Nutzern eine aktive Teilnahme ermöglichen. Es können beispielsweise eigene Inhalte online gestellt oder Änderungen an bestehenden Inhalten vorgenommen werden. Der irische Softwareentwickler *Tim O'Reilly* prägte mit einem Artikel aus dem Jahre 2004 dafür den Begriff *Web 2.0* und trug maßgeblich zur Popularisierung dieses Schlagwortes bei. Zu den sozialen Medien zählen neben sozialen Netzwerken und Media-Sharing-Plattformen auch Blogs, Online-Foren und Online-Communities.

Die Welt verändert sich und mit ihr auch das Informationsverhalten und die Kaufentscheidungsprozesse von Kunden. Hinzu kommt der Wettbewerb, welcher qualitativ und in diesen Dimensionen vor einigen Jahren so gar nicht absehbar war. Sich schnell entwickelnde Technologien wie Smartphones oder Tablets treiben diese Veränderungen täglich voran. Entsprechend den Veränderungen durch äußere Einflüsse nimmt die Bedeutung von Online-Marketing und Social Media kontinuierlich zu und Unternehmen müssen entsprechend den Veränderungen durch äußere Einflüsse auf diese Entwicklungsdynamiken reagieren. Zur Transformation gibt es keine Alternative. Der Digitalisierungs-Experte *Karl-Heinz Land* bringt es auf den Punkt: „Wenn Technologie und Gesellschaft sich schneller verändern als Unternehmen in der Lage sind, sich daran anzupassen, kommt es wie in der Evolution zum Aussterben, sprich: adapt or die"

Kennzeichnung und Entwicklung des Online-Marketings

Online-Marketing begegnet uns als Nutzern in den unterschiedlichsten Erscheinungsformen (vgl. Abb. 2).

Abb. 2   Erscheinungsformen des Online-Marketings. (Quelle: in Anlehnung an Kreutzer 2014)

> Orientiert an diesen vielfältigen Ausprägungen kann Online-Marketing definiert werden als die Planung, Organisation, Durchführung und Kontrolle aller marktorientierten Aktivitäten, welche sich mobiler und oder stationärer Endgeräte mit Internetzugang zu Erreichung von Marketingzielen bedienen.

Wenn wir uns die Entwicklung des Online-Marketings anschauen, stellt die zentrale Grundlage für die heutige Form neben dem stationären und mobilen Telefonnetz das ab 1991 für immer mehr Nutzer zugängliche *Internet* (von dem Englischen „international network" abgeleitet) dar, welches den weltweiten Verbund von Computern und Computersystemen bezeichnet. Das Internet ermöglicht die Nutzung von Internetdiensten, die einen internationalen Transfer von Daten in unterschiedlichster Form ermöglichen (u. a. in Form von E-Mails, WWW als World Wide Web, Web-Radio oder IP-Telefonie). Häufig werden die Begriffe Internet und *World Wide Web* synonym verwendet, weil letzteres den am meisten genutzten Internetdienst darstellt. Zusammenfassend werden diese Anwendungen des Internets auch als *Web 1.0* bezeichnet.

In der Folgezeit ermöglichten neue Technologien die Entstehung des oben erwähnten *Web 2.0,* welches gewissermaßen ein *„Mitmach-Internet"* darstellt. Zentrale Eigenschaften sind dabei die aktive Teilnahme der Nutzer und damit die Ausschöpfung des Potenzials ihrer kollektiver Intelligenz durch die Möglichkeit, an vielen im Internet verfügbaren Inhalten selbst Änderungen vorzunehmen oder eigene Schöpfungen zu präsentieren. Nehmen Sie das Beispiel *Wikipedia!*

Heute erleichtern immer leistungsfähigere Endgeräte (auch *„Devices"* genannt) wie Smartphones oder Tablets den permanenten und mobilen Zugriff auf das Internet und die dort angebotenen Möglichkeiten. Welche Dynamik bei der Übernahme von neuen Geräten und Serviceangeboten zu beachten ist zeigt Abb. 3.

Während das Radio und das Fernsehen noch 38 bzw. 13 Jahre benötigten, um 50 Mio. Nutzer zu gewinnen, gelang dies dem Internet in vier Jahren und dem iPod in drei. *Facebook* versammelte eine Nutzergemeinde von 50 Mio. nach einem Jahr und *Twitter* bereits nach neun Monaten. Noch schneller ging es bei *Google+*, welches schon nach einem Vierteljahr 50 Mio. Nutzer verzeichnen konnte.

Durch diese technologischen Möglichkeiten entwickelten sich immer mehr bisher passive Konsumenten des Web 1.0 *(Konsumenten* oder *Consumers)* zum mitgestaltenden Produzenten eines Web 2.0. Diese Entwicklung spiegelt sich im Begriff *„Prosumer"* als Mischung von „Producer" und „Consumer" wider. Den Kern des Web 2.0 stellt deshalb der so genannte *User-Generated-Content* dar, d. h. das Einstellen von Inhalten ins Netz, welche von nicht-professionellen Internetnutzern selbst generiert wurden. Hierzu zählen neben Fotos und Videos beispielsweise auch Kommentare, Bewertungen, Artikel und Audiodateien.

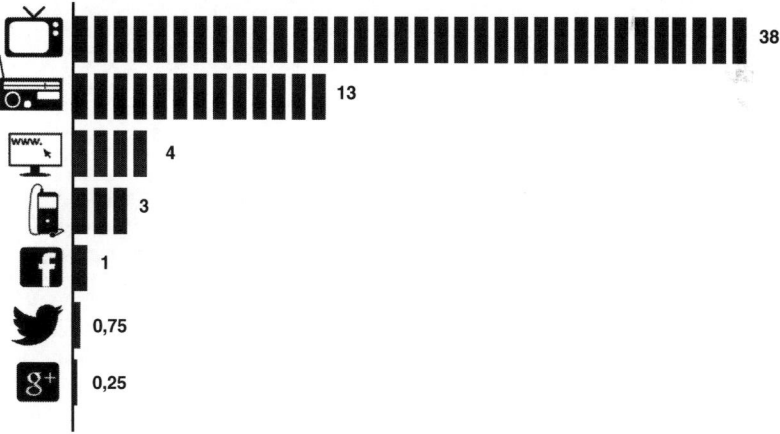

Abb. 3 Wie viele Jahre hat es gedauert, um 50 Mio. Nutzer zu gewinnen? (Quelle: in Anlehnung an Kreutzer 2014)

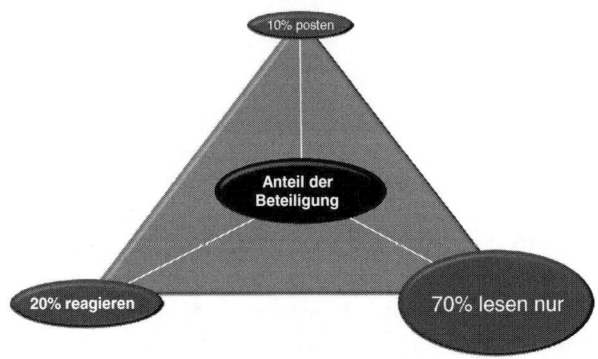

Abb. 4 Die 10:20:70-Regel. (Quelle: in Anlehnung an Kreutzer 2016)

Auch im Hinblick auf die weiteren Kapitel ist es von großer Bedeutung, sich in diesem Kontext das Engagement der Internetnutzer genauer anzusehen. In diesem Zusammenhang müssen wir uns nämlich die *10:20:70-Regel* vor Augen führen (vgl. Abb. 4).

Studien zeigen, dass länderübergreifend ca. 10 % der Internet-Nutzer sehr aktiv sind und beispielsweise eigene Beiträge in Blogs oder Online-Communities posten. 20 % reagieren auf solche Einträge, während eine Mehrheit von 70 % lediglich lesend aktiv ist.

Tipps für Ihren Erfolg

- Identifizieren Sie die 10 % der *Meinungsführer (Lead-User* oder *Key-Opinion-Leaders)* im Internet.
- Versuchen Sie, eine langfristige Beziehung zu diesen Meinungsführern aufzubauen, und diese idealerweise als *Multiplikatoren* für das Unternehmen zu gewinnen.

Heute greifen ca. 3 Mrd. Menschen weltweit auf das Internet zu und stellen in Blogs, Wikis, Communities etc. mehr Informationen bereit als die Unternehmen selbst. Sie tun als Unternehmen bzw. Selbstständiger oder Freiberufler folglich gut daran, ein verstärktes Augenmerk auf eben diese Entwicklungen zu richten, selbst wenn Sie nicht in allen Erscheinungsformen der neuen Online-Realität präsent sein möchten.

Denn es gilt: Interessenten und Kunden unterhalten sich heute online über das Unternehmen, dessen Führungskräfte, Mitarbeiter, Produkte, Dienstleistungen und den Werbeauftritt und zwar unabhängig davon, ob das betreffende Unternehmen zuhört oder nicht!

Oder mit den Worten des britischen Schriftstellers *Aldous Leonard Huxley* (1984–1963): „Tatsachen kann man nicht dadurch aus der Welt schaffen, dass man sie ignoriert!"

Erfolgsfaktoren des Online-Marketings

Die zentralen Anforderungen an ein erfolgreiches Marketing behalten auch im Online-Zeitalter ihre Gültigkeit. Es ist vielmehr von Bedeutung, dass Sie die übergreifenden Erfolgsfaktoren des Marketings auch bei der Ausprägung des Online-Marketings konsequent berücksichtigen. Diese Erfolgsfaktoren werden nachfolgend kurz diskutiert.

Jeder Kunde ist zunächst einmal empfänglich für eine emotionale Ansprache: Marketing in all seinen Ausprägungen sollte stets versuchen, alle Stakeholder und insbesondere Kunden emotional anzusprechen. Vor diesem Hintergrund sind alle Marketingaktivitäten systematisch und regelmäßig daraufhin zu überprüfen, ob sie geeignet sind, die entsprechenden Stakeholder positiv emotional anzusprechen.

Konzeption und Umsetzung einer empfängerorientierten Kommunikation: Die meisten Formen der Unternehmenskommunikation sind leider nach wie vor sendeorientiert ausgestaltet, da die meisten Unternehmen etwas mitteilen möchten und dieses ohne Rücksicht auf den Empfängerkreis der Botschaft umsetzen. Indikatoren für eine fehlende Empfängerorientierung sind in vielen Unternehmen an unterschiedlichen Stellen vorzufinden: Quoten ungelesen gelöschter E-Mails von durchschnittlich über 95 %, Abbruchquoten beim Surfen auf der eigenen Homepage von über 80 %, Responsequoten bei Mailings von deutlich unter einem Prozent. Nach wie vor gehen die meisten Unternehmen irrtümlicherweise davon aus, dass ihre Botschaften mehr oder weniger komplett wahrgenommen werden. Vor diesem Hintergrund gilt, gerade auch bei der Ausgestaltung von Online-Medien, dass die kommunikativen Botschaften nicht sendeorientiert, sondern vielmehr konsequent empfängerorientiert auszugestalten sind, d. h. auf die Zielpersonen ausgerichtet werden müssen.

> Besinnen Sie sich auf den Kern des Marketings: Im Kopf des Kunden denken – und im Herzen des Kunden fühlen. Dazu gehört, dass Sie nicht versuchen, Produkte und Dienstleistungen zu verkaufen, sondern deren Nutzen empfängerorientiert kommunizieren!

So schrieb schon der amerikanische Industrielle *Henry Ford* (1863–1947), Gründer des Automobilherstellers „Ford Motor Company": „Wenn es ein Geheimnis des Erfolges gibt, dann ist es die Fähigkeit, den Standpunkt des anderen zu erkennen und die Dinge von seinem Blickwinkel aus zu betrachten".

Relevanz der gelieferten Inhalte: Unmittelbar verbunden mit der oben genannten Empfängerorientierung ist die Konzentration auf die Relevanz Ihres Angebotes – allerdings wahrgenommen durch die Augen Ihrer Zielgruppen! Liefert Ihr Angebot tatsächlich einen Beitrag, der von Ihren Kunden gewünscht wird? Ein erster wichtiger Schritt, um eine Empfängerorientierung und damit eine Relevanz in den Augen und Ohren Ihrer Zielpersonen sicherzustellen, ist zunächst einmal das *Zuhören*. Viel zu lange waren Unternehmen im Sendemodus verhaftet – und viele sind diesem bis heute treu geblieben! Vor diesem Hintergrund sollten Sie als generelle Leitidee das aus den Stufen „Zuhören", „Lernen", „Implementieren" und „Kontrollieren" bestehende Vorgehenskonzept verinnerlichen (vgl. Abb. 5).

In den Kontext der gelieferten Inhalte gehört eine weitere Ausgestaltung des Marketings, welche mit dem Begriff *Content-Marketing* versehen wird. Darunter wird eine Ausrichtung des Marketings verstanden, bei welcher für bestimmte Zielgruppen relevante und damit werthaltige Inhalte geschaffen, bereitgestellt und/oder distribuiert werden. Diese Prozesse werden mit dem Ziel eingeleitet, bestimmte Zielgruppen zu akquirieren, zu binden oder zu einer bestimmten Art

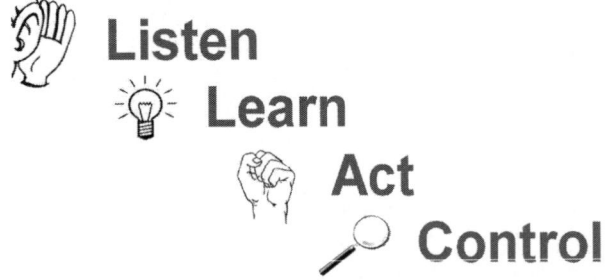

Abb. 5 Guiding Principle für unternehmerisches Handeln. (Quelle: in Anlehnung an Kreutzer 2014)

des Engagements zu motivieren, um auf diese Weise übergeordnete Marketingziele zu erreichen. Dafür eignet sich insbesondere auch der unternehmenseigene *YouTube-Kanal*, worauf im weiteren Verlauf dieses Buches noch differenziert und im Einzelnen eingegangen wird.

Umsetzung der „4 Ks" im Marketing. Die 4 Ks stehen für Kontinuität, Konsistenz, Konsequenz und Kompetenz. Um eine notwendige Orientierungsfunktion für sämtliche Interessengruppen, insbesondere aber für Ihre Kunden zu erreichen, ist eine längerfristige Gültigkeit zentraler Leitideen des Marketings und damit ein hohes Maß an *Kontinuität* anzustreben. Die zusätzlich gebotene *Konsistenz* zielt auf die Erreichung eines in sich schlüssigen Gesamtauftritts des Unternehmens über alle Marketing-Instrumente ab. In diesem Zusammenhang müssen sich alle Maßnahmen an den Zielen des Unternehmens orientieren, um eine in sich schlüssige Unternehmens- und Angebotsidentität zu kommunizieren. Natürlich sollten die eingeleiteten Maßnahmen auch mit der nötigen *Konsequenz* umgesetzt werden. In der Praxis ist immer wieder zu beobachten, dass zunächst einmal erstklassige Strategien häufig im Rahmen der Umsetzung an Überzeugungskraft verlieren, weil häufig ihre Umsetzung bei den ersten Widerständen bereits aufgegeben wird. Die Basis von allem stellt letztendlich die *Kompetenz* dar, welche nicht nur im Bereich der Kernleistungen des Unternehmens gegeben sein muss sondern beispielsweise auch beim Einsatz von neuen Medien im Rahmen des Social Media Marketings.

Bedienung aller relevanten Customer-Touch-Points. Unter *Customer-Touch-Points* sind die Berührungspunkte zwischen Interessenten bzw. Kunden und Unternehmen zu verstehen. Hierzu zählen die Kontakte zum Verkäufer im Einzelhandel genauso wie zum Außendienst oder zu Mitarbeitern im Customer-Service-Center. Auch der Online-Auftritt Ihres Unternehmens oder Ihre eigene Homepage sowie Rechnungen, E-Mails und Blogs stellen solche Touch-Points dar. Diese Touch-Points können dabei in der *Vorkaufsphase (Pre-Sales),* der *Verkaufphase (Sales)* und/oder der *Nachkaufphase (After-Sales)* angesprochen werden. Die bisher vorherrschenden Ansätze zum Management der Customer-Touch-Points konzentrieren sich auf die *Kontaktpunkte der unternehmenseigenen Sphäre,* welche das Unternehmen selbst „gestaltet". Viele Unternehmen vernachlässigen dabei die *Kontaktpunkte der unternehmensfernen Sphäre,* da sie sich einer direkten Steuerung und Beeinflussung entziehen. Damit bleiben aber viele neue Touch-Points ungenutzt und ungesteuert, auf welche ein Interessent oder Kunde im Vorfeld oder parallel zu einem Kauf oder einer Produktnutzung bzw. der Inanspruchnahme einer Dienstleistung zugreift (vgl. Abb. 6).

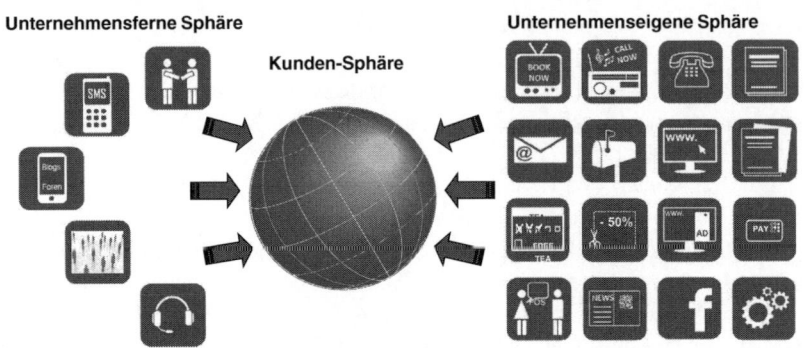

Abb. 6 Erweitertes Konzept der Customer-Touch-Points. (Quelle: in Anlehnung an Kreutzer 2014)

Zudem haben diese Kontaktpunkte einen zentralen Einfluss auf das Verhalten der Interessenten und Kunden, weil Bekundungen in Online-Foren nach einer Studie von *Nielsen Media* eine höhere Glaubwürdigkeit zugeschrieben wird als Inhalten der Unternehmenskommunikation (vgl. Abb. 7).

Letztlich beeinflussen die sozialen Medien das Kaufverhalten, wie Studien wie die *„Social Trends Studie Social Media"* der *Tomorrow Focus AG* aus dem Jahre

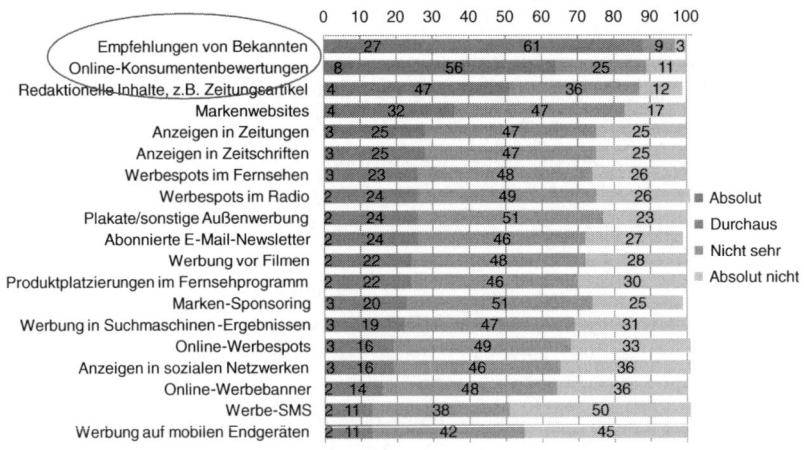

Abb. 7 Vertrauen in unterschiedliche Informationsquellen – in % (Mehrfachnennungen möglich). (Quelle: Nielsen Media 2013)

2015 zeigen. Demnach gaben 30,2 % der Befragten an, einen Kauf aufgrund einer Werbeanzeige in einem sozialen Netzwerk getätigt zu haben. Dies entspricht einem Zuwachs um 54,1 % gegenüber 2013. Die Studie zeigt außerdem, dass sich über die Hälfte der Befragten in den sozialen Netzwerken über Unternehmen informiert (vgl. Abb. 8).

Dabei zeigt sich, dass (mit Ausnahme der unter 16-jährigen) mit abnehmendem Alter tendenziell der Einfluss von sozialen Medien auf das Kaufverhalten zunimmt. Während nur 22,3 % der über 55-jährigen die Frage „Beeinflusst Dich im Kaufverhalten ein positiver Auftritt eines Unternehmens im sozialen Netzwerk" mit „Ja" beantworten, bejahen in der Gruppe der 16–25-jährigen bereits 41,1 % diese Frage.

Vor diesem Hintergrund sollten Sie darauf achten, sämtliche Kontaktpunkte in Ihr Customer-Touch-Point-Management zu integrieren. *Ralf Kreutzer*, Professor für Marketing an der *Berlin School of Economics and Law*, betont in diesem Zusammenhang, dass sich viele Unternehmen mit der Customer Journey ihrer Kunden noch nicht ausreichend genug auseinandergesetzt haben. Viele kennen die relevanten Touch Points ihrer Kunden deshalb nicht. Und sie erkennen deshalb auch nicht, wenn *YouTube* ein wichtiger Informationskanal für die eigenen Kunden ist, so Kreutzer, der seit vielen Jahren als Consultant, Coach und Trainer in nationalen und internationalen Unternehmen eingebunden ist.

In diesem Zusammenhang ist es von zentraler Bedeutung, dass sich durch den Eintritt ins Online-Zeitalter entscheidende Facetten des klassischen Kaufprozesses

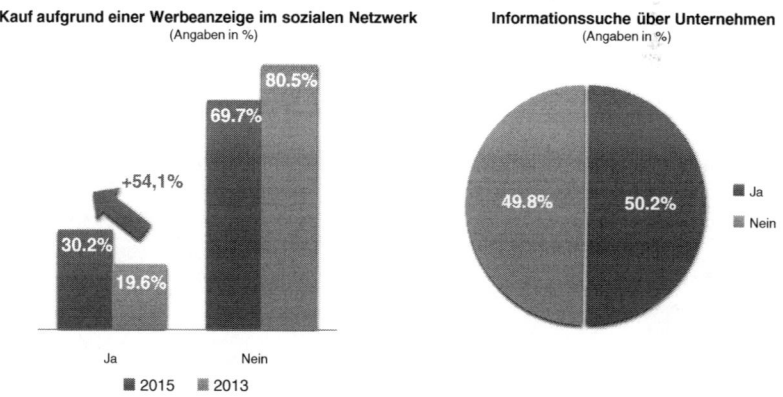

Abb. 8 Einfluss der sozialen Medien auf das Kaufverhalten. (Quelle: Tomorrow Focus AG 2015 und in Anlehnung an Kreutzer 2016)

verschoben haben: Die traditionelle „Reise", der sogenannte *„Customer Journey"*, eines Konsumenten wurde traditionell prägnant sowie stark vereinfacht mit der klassischen *AIDA-Formel* dargestellt, welche die Phasen „Attention" (Aufmerksamkeit), „Interest" (Interesse), „Desire" (Wunsch) und „Action" (Handlung) umfasst. Bisher wurde nach dem Stimulus im Zuge des Kaufentscheidungsprozesses nur zwischen dem so genannten *First-* und dem *Second-Moment-of-Truth* unterschieden (vgl. Abb. 9).

Der *First-Moment-of-Truth (FMOT)* stellt dabei den Zeitpunkt da, zu welchem ein potenzieller Käufer ein Produkt oder eine Dienstleistung zum ersten Mal körperlich in Augenschein nehmen kann. Dabei treffen die durch Werbung und andere Reize aufgebauten Erwartungen auf die Realität des Produktes oder der Dienstleistung. Der *Second-Moment-of-Truth (SMOT)* umfasst den Zeitpunkt, zu welchem der Käufer ein Produkt oder eine Dienstleistung tatsächlich nutzt. Man spricht in diesem Zusammenhang vom so genannten *„Moment der Wahrheit"*, weil sich in diesen beiden Momenten zeigt, ob insbesondere die durch Werbung, Angebotspräsentation oder gegebenenfalls Beratung geschaffenen Erwartungen tatsächlich auch erfüllt werden.

Dieses klassische Konzept ist allerdings nicht mehr tragfähig, weil sich ein grundlegender Wandel im Entscheidungs- und Kaufprozess der Kunden vollzogen

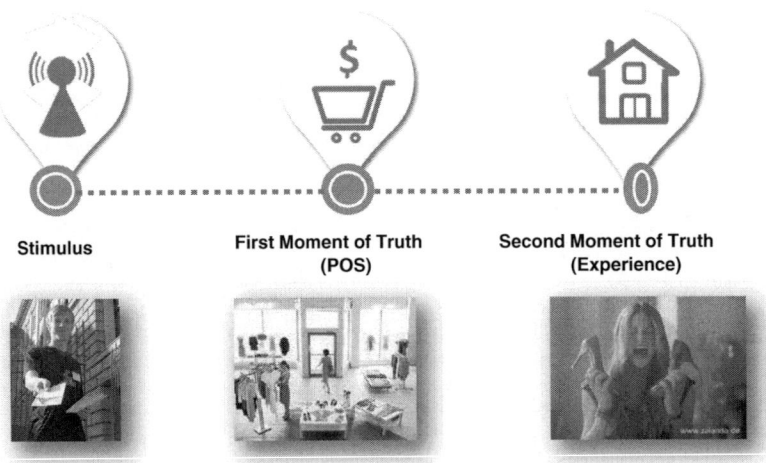

Stimulus   **First Moment of Truth**   **Second Moment of Truth**
                              (POS)   **(Experience)**

Abb. 9 Klassische Abfolge: Stimulus – FMOT – SMOT. (Quelle: in Anlehnung an Lecinski 2011; Kreutzer 2014)

hat. Zum FMOT und SMOT ist im Online-Zeitalter der *„Zero-Moment-of-Truth (ZMOT)"* hinzukommen. Hiermit ist insbesondere der den beiden anderen „Momenten" vorgelagerte Online-Zugriff auf eine nahezu unüberschaubare Vielzahl von Informationen Dritter gemeint. Einen Teil dieses sogenannten *„User-Generated-Content"* sind Berichte anderer Personen, welche über ihre Erfahrungen mit einem Produkt oder einer Dienstleistung informieren. Noch bevor der potenzielle Käufer sich eigene Eindrücke verschafft, kann folglich eine Vielzahl von Informationen, jedwede Phase des Kaufprozesses betreffend, von anderen Personen gewonnen werden (vgl. Abb. 10).

Wie wichtig die Berücksichtigung des ZMOT für Unternehmen unselbstständiger heute ist, zeigt obenstehende Abb. 7. Wenn hier die Online-Konsumentenbewertungen – wohlgemerkt auch von unbekannten Dritten – das zweithöchste Vertrauen genießen, müssen diese ZMOT-Quellen konsequent in das Touch-Point-Management integriert werden.

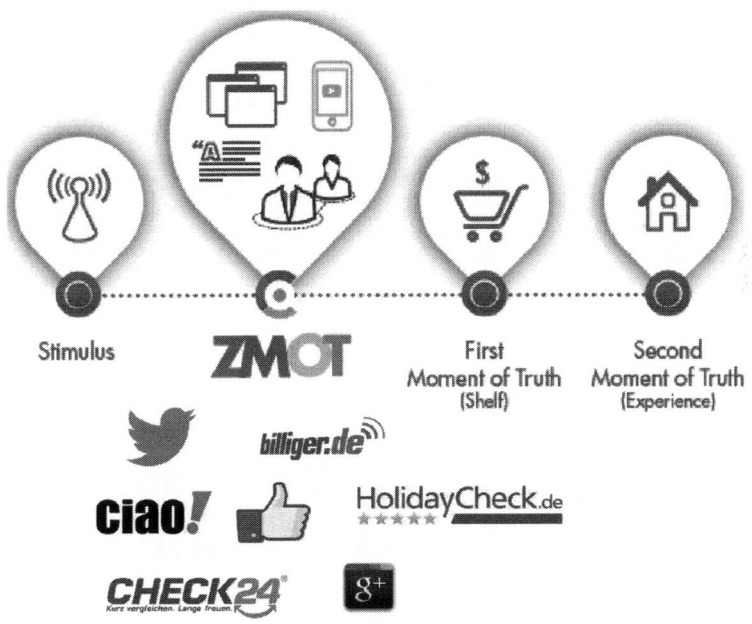

Abb. 10 Positionierung und Quellen des ZMOT. (Quelle: in Anlehnung an Lecinski 2011 und Kreutzer 2014)

Vor diesem Hintergrund ist die oben dargestellte AIDA-Formel konsequent zu einer *ASIDAS-Formel* weiterzuentwickeln, um den zusätzlichen Aktivitäten innerhalb des Customer Journey Rechnung zu tragen (vgl. Abb. 11).

Im Anschluss an die Gewinnung von Aufmerksamkeit (Attention) für ein bestimmtes Angebot schließt sich jetzt vielfach eine ausgediente Suchphase (Search) an, welche zum ZMOT führen kann. ASIDAS stellt dabei keine starre Abfolge von Schritten mehr da. In allen Stufen des Prozesses kann eine Rückkopplung mit Freunden und unbekannten Dritten vorgenommen werden. Parallel bzw. zum Abschluss der Reise des Kunden erfolgt das „Teilen der Erfahrung" (Share) auf entsprechenden Plattformen wie *Google+* oder *Qype* sowie durch Kommentare in Foren, Blogs und Communities und natürlich nach wie vor auch im persönlichen Dialog.

Die Vielzahl der möglichen Informationsquellen und Informationskanäle lassen die unterschiedlichsten Customer Journeys entstehen. Folglich sollten Sie ihm für Ihre Zielgruppen ermitteln, welche Arten von Customer Journeys dominieren, um diese möglichst gut informatorisch zu unterstützen und gegebenenfalls die Ressourcen auf die wichtigsten Kontaktpunkte auszurichten.

Konsequente Ergebnisorientierung der Marketingaktivitäten. Dieser Erfolgsfaktor bedeutet, dass Sie sich als Marketing-Manager stärker darum bemühen müssen, Ihren Leistungsbeitrag zur Erreichung von Unternehmenszielen sichtbar und damit auch bewertbar zu machen.

Achten Sie schon bei der Konzeption von Marketing-Maßnahmen darauf, dass Messpunkte zur Erfolgskontrolle eingeplant und aussagefähige *Key-Performance-Indicators (KPIs)* wie *Return-on-Marketing-Investment (ROMI)* definiert werden. Führen Sie keinerlei Maßnahmen durch, deren Erfolgsmessung nicht möglich ist.

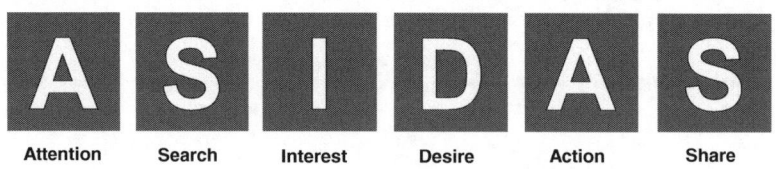

| Attention | Search | Interest | Desire | Action | Share |

Abb. 11 ASIDAS – die weiterentwickelte AIDA-Formel. (Quelle: in Anlehnung an Kreutzer 2014)

Wertorientiertes Kundenmanagement: dabei geht es um einen aktuellen oder besser noch zukunftsorientiert ermittelten Wert jedes einzelnen Kunden, welche idealerweise den prognostizierten Kundendeckungsbeitrag erfasst.

Erwartungs-Management (Expectation-Management): Abschließend ist die Umsetzung eines konsequenten Ermattungsmanagements zu nennen. Durch Kommunikation werden beim Kunden konsequent Erwartungshaltungen aufgebaut. Wer eine „Lieferung innerhalb eines Werktages" verspricht und nach vier Tagen die Ware zustellt, produziert enttäuschte Erwartungen. Deshalb ist es im Marketing und insbesondere der Kommunikation eine – erstaunlicherweise – unterschätzte Aufgabenstellung, die Erwartungen der Kunden konsequent in einem Bereich zu steuern, die das Unternehmen auch gerecht werden kann.

Nur wenn Sie mehr leisten als Sie versprechen, werden Sie Begeisterung auslösen – eine zentrale Voraussetzung für langfristig zufriedenstellende Kundenbeziehungen.

Social Media und Social Media Marketing

Das US-Nachrichtenmagazin *Time* betitelte 2006 die „Person des Jahres" mit dem Wort „Du" und meinte damit die zahlreichen Internetnutzer, welche dank neuer Webtechnologien ihre Meinungen und Gedanken ins Netz stellen könnten.

Im Zuge von *Social Media* (auch *soziale Medien* genannt) können die Nutzer ohne weitreichende Programmierkenntnisse zu haben u. a. Informationen und Meinungen verbreiten, Videos veröffentlichen oder Veranstaltungen live in alle Welt übertragen.

Unter dem Begriff *Social Media* beziehungsweise soziale Medien werden dabei Online-Medien und -Technologien zusammengefasst, welche es den Internetnutzern ermöglichen, einen Informationsaustausch online durchzuführen, welcher weit über die klassische E-Mail-Kommunikation hinausgeht.

Zu den sozialen Medien zählen neben sozialen Netzwerken und Media-Sharing-Plattformen auch Blogs Online-Foren und Online-Communities.

Im Rahmen des *Social Media Marketings* versuchen Unternehmen, soziale Medien zur Erreichung entsprechender Marketingziele nutzbar zu machen.

Die enorme Bedeutung der sozialen Medien wird dadurch herbeigeführt, dass erstmals allen Bevölkerungsschichten und allen Stakeholdern oder eines Unternehmens (wie beispielsweise Kunden, Investoren, Journalisten, Mitarbeitern, Wettbewerbern u. a.) extrem mächtige, da öffentlichkeitswirksame Instrumente zur Bewertung von Leistungen sowie zu unmittelbaren Kontaktaufnahme und damit zum Dialog zur Verfügung stehen.

In diesem Kontext ist es essenziell zu betonen, dass die sozialen Medien sowohl werteschaffende als auch wertevernichtende Inhalte aufweisen können. Es liegt an Ihnen selbst, welche Inhalte dominieren!

Wie weiter oben bereits ausgeführt kann das Web 2.0 als „Mitmach-Internet" verstanden werden, welches allen Nutzern die Möglichkeit bietet, selbst Inhalte zu erstellen und diese über die verschiedensten Kanäle untereinander mitzuteilen. Damit fördern die sozialen Medien die Kommunikation zwischen allen Beteiligten was auch als *Austausch Many-to-Many* bezeichnet wird. Dieser Austausch kann sich unter anderem an gleichen Interessen, einem vergleichbaren Berufsumfeld, gemeinsamen Vorhaben oder ähnlichen Meinungen orientieren. Durch diesen Austausch von Informationen (beispielsweise in Form von Kommentaren, Bewertungen und Empfehlungen) sowie das Teilen von eigenen Leistungen (beispielsweise selbst verfassten Blogs, Videos oder Audio-Produktionen) werden zumeist soziale Ziele verfolgt. So geht es beispielsweise um Anerkennung, eine Vernetzung zwischen den beteiligten Nutzern und/oder einfach um den Austausch von diversen Inhalten. Kommerzielle Ziele treten bei privaten Nutzern der sozialen Netzwerke eher in den Hintergrund. Unternehmen und insbesondere rein werblichen Botschaften kommt daher in den sozialen Medien zunächst einmal keine dominierende Rolle zu. Im Grundsatz geht es innerhalb der sozialen Medien daher vielmehr um Interaktionen zwischen Internetnutzern verbunden mit dem Austausch von Informationen und User-Generated-Content.

Daher gilt: Soziale Medien dürfen nicht einfach als ein weiterer reiner Verkaufs-, Werbe- oder PR-Kanal missverstanden werden. Sie eröffnen vielmehr hervorragende Möglichkeiten, in den Dialog mit relevanten Stakeholdern zu treten und langfristige Kundenbeziehungen aufzubauen.

Social Media hilft Ihnen mithin, intensive Kundenbeziehungen aufzubauen, zu verstärken und sie nach außen hin transparent zu machen. Damit haben Sie gegenüber Marken und Unternehmen, welche nicht im Social Web aktiv sind, einen entscheidenden Wettbewerbsvorteil.

Damit wird auch der wesentliche Unterschied zwischen den sozialen Medien und den klassischen Massenmedien deutlich: während der Einsatz der klassischen Massenmedien professionellen Anwendern vorbehalten ist, steht ein Engagement in den sozialen Medien jedem Internet-Nutzer offen. Ein weiteres Unterscheidungsmerkmal zwischen sozialen Medien und Massenmedien besteht darin, dass die sozialen Medien vielfach eine *Echtzeit-Kommunikation* ermöglichen. Auf diese Weise wird eine ungleich höhere Geschwindigkeit im Informationsaustausch ermöglicht, als dies aufgrund der weitgehend *linearen Kommunikation* bei den meisten Massenmedien der Fall ist. Die Linearität der Kommunikation besteht darin, dass ein Unternehmen zum Beispiel eine Anzeige schaltet, welche nach Erscheinen von Kunden gelesen wird. Für den Fall, dass die Anzeige Dialog-Elemente enthält, können Leser einzeln reagieren. Es erfolgt ein Schritt auf den anderen. Eine parallel laufende Kommunikation zwischen den Kunden und dem Unternehmen findet nicht statt. Im Gegensatz dazu fördern die sozialen Medien den *nicht-linearen Dialog*.

Dieser Paradigmenwechsel in der Kommunikationspolitik wird durch eine von den Marketing-Professoren *Hollensen* und *Opresnik* geprägte Metapher deutlich, in welcher sie die traditionelle und klassische Form mit einem „Bowling-Spiel" verglichen, bei dem ein Unternehmen eine Botschaft – symbolisiert durch die Bowlingkugel – wirft, welche verschiedene Kunden – symbolisiert durch Kegel – erreicht. Hierbei erfolgt aber keinerlei Interaktion mit dem Kunden (vgl. Abb. 12)!

Effektives Social Media Marketing erfordert aber angesichts des oben skizzierten veränderten Kommunikationsverhaltens und der entsprechenden Rahmenfaktoren gewissermaßen eine andere „Spielart", nämlich die des „Flipperns". Hierbei stellt der Spielball die Botschaft des Unternehmens dar, welche auf einige Kunden – symbolisiert durch die „Schlagtürme", auch „Bumper" genannt, und die „Slingshots" (englisch für Steinschleuder), trifft. Im Gegensatz zum Bowling wird nun die Botschaft gegebenenfalls von einem Kunden zum anderen gespielt, bevor sie wieder in Form der Kugel beim Unternehmen ankommt. Durch diese Metapher wird auch anschaulich, dass mit der Social Media Kommunikation immer auch ein Kontrollverlust einhergeht.

Vor diesem Hintergrund ist eine Ausrichtung an den nachfolgenden kurz skizzierten *Grundprinzipien der Kommunikation in den sozialen Medien* die Voraussetzung für ein erfolgreiches Social Media Marketing.

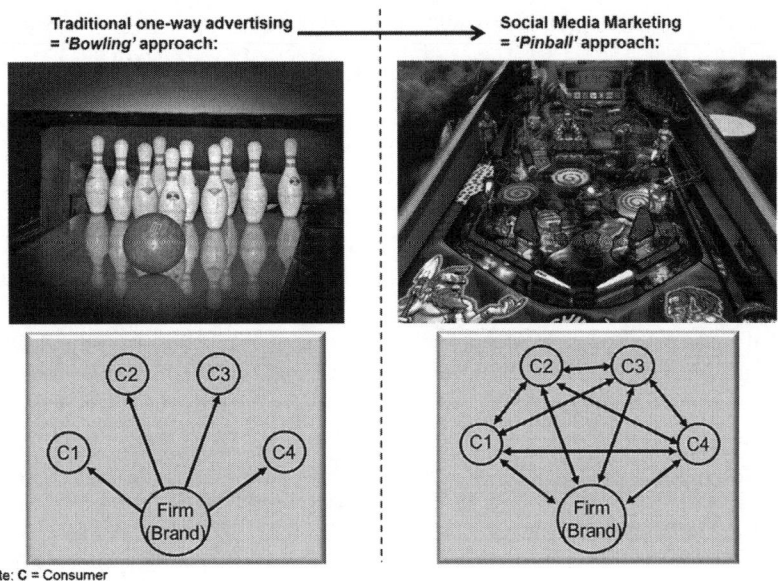

Abb. 12 Das Flipper- versus Bowling-Modell nach *Hollensen und Opresnik*. (Quelle: in Anlehnung an Hollensen und Opresnik 2015)

Ehrlichkeit und Authentizität: Diesem Grundprinzip kommt im Rahmen der Kommunikation in sozialen Medien eine zentrale Bedeutung zu. Wenn beispielsweise ein Unternehmen versucht, die Meinungsbildung in seinem Sinne zu beeinflussen, indem es selbst positive Bewertungen und Kommentare über sich verfasst, kann dies dem Image nachhaltig schaden. Bei einem derartigen Fehlverhalten von Unternehmen kann sich die Gemeinschaft gegen ebendieses wenden, wie das Beispiel der *Deutschen Bahn* zeigt: Im Mai 2009 deckte der Verein *Lobbycontrol* auf, dass die *Deutsche Bahn* zwei Jahre zuvor 1,3 Mio. EUR für verdeckte PR-Maßnahmen ausgegeben hatte. Darunter: Blog- und Forenbeiträge, Leserbriefe und Meinungsumfragen.

Offenheit und Transparenz: Ein Engagement in den sozialen Medien setzt immer die Fähigkeit voraus, negative Kritik der unterschiedlichsten Stakeholder anzunehmen sowie offen, rechtzeitig und authentisch darauf zu reagieren, um auf diese Weise eine hohe Glaubwürdigkeit zu erzielen. Einen gegenteiligen Effekt erreichen Sie, wenn Sie als Teilnehmer in den sozialen Medien erst sichtbar werden, wenn dort fehlerhafte Informationen kursieren, welche Sie beziehungsweise

Ihr Unternehmen dann richtigstellen möchte. Den in diesem Kontext kommunizierten Botschaften fehlt zumeist der „Stallgeruch", weil das Unternehmen es bisher nicht geschafft hat sich in die Social MediaWelt zu integrieren und zu etablieren.

Kommunikation auf Augenhöhe: Bei sämtlichen Dialogen, Diskussionen und sonstigem Austausch ist grundsätzlich eine Kommunikation auf Augenhöhe sicherzustellen. Vermeiden Sie es deshalb, sich als belehrendes, besser informiertes und/oder kritisierendes Unternehmen zu gerieren. Bei jeglicher Interaktion in den sozialen Medien, beispielsweise in Form eines Forumsbeitrags oder eines Blogs, muss davon ausgegangen werden, dass dahinter unter Umständen ein gut verletzter Kommunikator steht, welchen deshalb – wie grundsätzlich allen Nutzern – stets mit Wertschätzung und Respekt zu begegnen ist.

Relevanz: Wie bereits im Rahmen der Darstellung der Erfolgsfaktoren des Online-Marketings ausgeführt, müssen die in den sozialen Medien präsentierten Inhalte einer Relevanz für Ihre Zielgruppen aufweisen. Dies ist deshalb von zentraler Bedeutung, da innerhalb der sozialen Medien die Gemeinschaft der Internet-Nutzer selbst im Mittelpunkt steht und nicht die Unternehmen.

Kontinuität und Nachhaltigkeit: Diese beiden Aspekte, auf welche ebenfalls bereits weiter oben kurz eingegangen wurde, stellen eine notwendige Voraussetzung für ein erfolgreiches Social Media Marketing dar. In diesem Zusammenhang können innerhalb der sozialen Medien entsprechende Kampagnen gestartet werden (beispielsweise der Launch eines neuen Produktes), welche das laufende Engagement des Unternehmens begleiten und/oder intensivieren. Aufgrund der bereits bestehenden Vernetzung der Nutzer ist mit einer höheren Beteiligungsquote zu rechnen, wenn zwischen ihnen so genannte *Word-of-Mouth-Effekte* erzeugt werden können. Diese wiederum können dazu beitragen, dass die entsprechenden Inhalte viral verbreitet werden.

Die übergreifend gebotene Glaubwürdigkeit von Unternehmen, Marken und Angeboten wird nur dann erreicht, wenn Sie Ihre Kommunikation in den sozialen Medien konsequent an den genannten Kriterien Ehrlichkeit/Authentizität, Offenheit/Transparenz, Relevanz und Kontinuität/Nachhaltigkeit ausrichten und eine Kommunikation auf Augenhöhe kultivieren.

Die Vielzahl der Nutzer der sozialen Medien kann für Ihr Unternehmen „Segen" oder „Fluch" gleichermaßen sein: Engagierte Kunden fügen Positivfall den Online-Inhalten der Unternehmen eigene Videos, Fotos sowie Audio-Textbeiträge hinzu und ergänzen sie ganz im Sinne des Unternehmens. Im Negativfall jedoch können Fehler und Versäumnisse in sozialen Medien zu unerwünschten viralen Effekten führen, wenn Kritik, schlechte Erfahrungen oder nicht eingehaltene Versprechungen zum Gegenstand des Austauschs der Nutzer werden. Dies muss Ihnen vor einem Einstieg in die sozialen Medien bewusst sein.

Zusammenfassend kann Social Media Marketing als ein Konzept bezeichnet werden, welches sich zur Erreichung von Marketing-Zielen der Beteiligung der Nutzer in den sozialen Medien bedient. Dabei können verschiedene *Medienkategorien* unterschieden werden (vgl. Abb. 13):

- *Owned Media:* In diese Kategorie fallen alle in der Verantwortung der Unternehmen selbst liegenden Online-Aktivitäten, beispielsweise die Website, die elektronische Kommunikation oder ein Online-Shop. Diese Medien geht es zielorientiert zu *managen.*
- *Paid Media:* Dieser Bereich schreibt die Maßnahmen, welche die Unternehmen bei Dritten einkaufen. Beispiele hierfür sind Banner oder gesponserte Links. Die Nutzbarmachung dieser Möglichkeiten ist letztendlich eine Frage

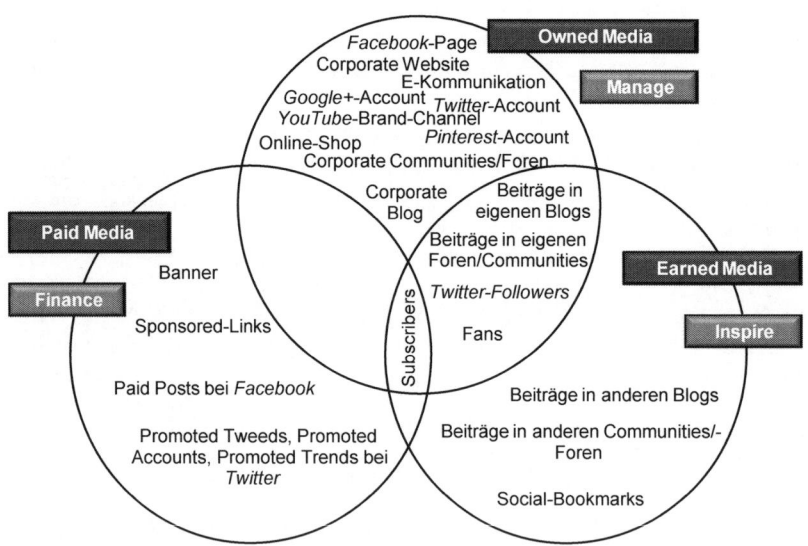

Abb. 13 Überblick über verschiedene Medien-Klassen. (Quelle: in Anlehnung an Kreutzer 2014)

des Kapitaleinsatzes, so dass hier das Stichwort *„Finance"* herangezogen werden kann.

- *Earned Media:* In diese Gruppe fallen die Plattformen sowie insbesondere die Inhalte, welche Unternehmen sich durch ihre Aktivitäten von den Internetnutzern „verdient" haben, also um User-Generated-Content. Dazu zählen beispielsweise Beiträge in Blogs, Foren oder Online-Communities. Das Stichwort für diese Kategorie lautet entsprechend: *„Inspire"*.

Darüber hinaus liegen viele weitere Inhalte in den Überschneidungsfeldern der verschiedenen Kategorien.

Planung und Konzeption einer Social Media Strategie mit dem POST-Framework

Social Media Marketing ist vielfältig einsetzbar und umfasst alle Bereiche des Marketing-Mix wie beispielsweise Marktforschung, Kundenservice, Branding oder Produktpolitik.

Damit Ihr Engagement in den sozialen Medien aber nicht zum „Strohfeuer" wird, müssen Sie *vor* dem Einstieg entsprechende Ziele und eine ganzheitliche *Strategie* für das Social Media Marketing erarbeiten. Einer Studie des *Bundesverbands Digitale Wirtschaft (BVDW) e. V.* zu Folge haben 16 % der Unternehmen überhaupt keine Social Media Strategie und 28 % der Unternehmen geben an, eine oder mehrere abteilungsbezogene Strategien zu haben (vgl. Abb. 14).

> Es bringt Ihnen nichts, das Pferd von hinten aufzuzäumen, indem Sie mit den Tools bzw. der Technologie anfangen da dies langfristig nur dazu führt, dass Sie viele Social Media Baustellen haben aber keine nachhaltige Strategie.

Eine in der Praxis bewährte Methode, eine *Social Media Strategie* zu definieren, ist das von *Charlene Li* und *Josh Bernoff* entwickelte und in dem Buch „Groundswell: Winning in a World Transformed by Social Technologies" vorgestellte *„POST-Framework"* oder auch *„POST-Methode"*. POST steht hierbei für „People", „Objectives", „Strategy" und „Technology", welche in dieser Reihenfolge durchdacht werden müssen. Diese Punkte sind für eine erfolgreiche Social Media Strategie unerlässlich und werden im Folgenden kurz dargestellt.

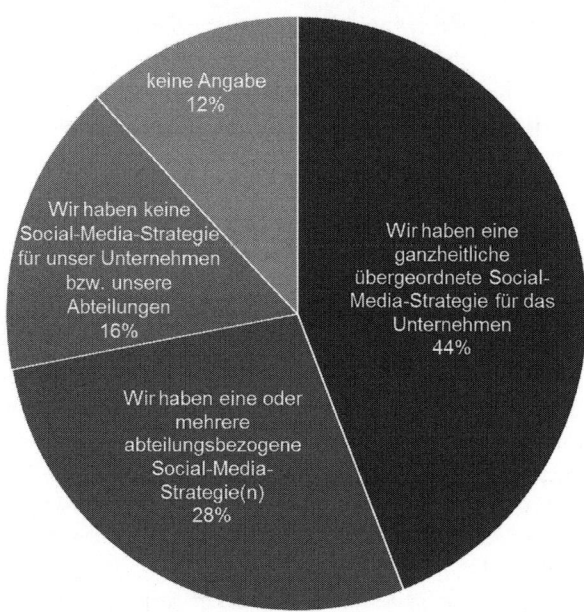

Abb. 14 Strategische Planung von Social-Media-Aktivitäten – in %. (Quelle: BVDW 2014 und in Anlehnung an Kreutzer 2016)

P = People: Sie müssen zuerst Ihre Zielgruppe analysieren, d. h. deren Interessen, Gepflogenheiten und Erwartungen ermitteln. Dabei sind vor allen Dingen folgende Fragen von Relevanz:

- Wo und in welchem Ausmaß sind Ihre Kunden im Netz unterwegs?
- Nutzen Ihre Kunden soziale Netzwerke, schreiben sie Blogbeiträge oder schauen sie lieber Videos im Netz?
- Inwieweit informieren sich die User vor ab im Internet über Ihr Produkt bzw. Ihre Dienstleistungen?
- Welche weiteren Informationen wünschen sich die User?
- Auf welchen Plattformen tauschen sich die User aus (Blogs, Micro-Blogs, Foren, Videoportale)?

Erste wichtige Hinweise über das Nutzerverhalten Ihrer Zielgruppe im Netz liefern dabei entsprechende Studien über die Internetnutzung, beispielsweise die seit

1997 durchgeführte *ARD/ZDF-Onlinestudie* (beachten Sie hierzu bitte auch die Quellenangaben am Ende dieses Buches). Derartige Studien zeigen Ihnen unter anderem, welche Altersgruppen besonders intensiv surfen und wie die Geschlechter verteilt sind. Sie erhalten auch Rückschlüsse über den Berufsstand der User. Auch die sozialen Netzwerke, viele Seiten, Twitter usw. stellen Informationen über die Struktur ihrer Nutzer bereit. Zumeist finden Sie diese Informationen in den Mediadaten.

Im Rahmen der Zielgruppenanalyse müssen Sie ebenfalls recherchieren, wo im Netz Beiträge über Ihre Person bzw. Ihr Unternehmen, Ihre Produkte oder Dienstleistungen geschrieben werden. Sie können diese Beiträge über Suchmaschinen wie *Google* leicht finden. Wenn sie entsprechende Einträge identifiziert haben, versuchen Sie so viele Informationen wie möglich über die jeweiligen Autoren herauszufinden. Handelt es sich beispielsweise um einen Meinungsführer? Was erfahren Sie über Alter und Geschlecht des Autors? Wie und von wem wurden diese Beiträge bewertet und kommentiert? Haben sie sehr viel Aufmerksamkeit erhalten oder eher wenig und wenn viel, von positiver oder negativer Art?

> Durch eine adäquate Kundenanalyse erfahren Sie, wo und wie Sie das Wort an Ihre Zielgruppe richten müssen.

In diesem Zusammenhang ist es erforderlich, dass POST-Framework dagegen zu erweitern, dass in dieser Phase nicht nur eine Zielgruppenanalyse erfolgt, sondern gleichfalls eine umfassende Analyse der Unternehmenssituation vorgenommen wird. Im Social Media Kontext müssen Sie hierbei zunächst eine *Bestandsaufnahme der bisherigen Unternehmensaktivitäten* vornehmen. Weiterhin müssen Sie die *unternehmensinternen Ressourcen und Fähigkeiten* einer kritischen Prüfung unterziehen. In Bezug auf die sozialen Medien stellt sich hier beispielsweise die Frage, ob die eigenen Mitarbeiter das entsprechende Know-how für den Aufbau eines Social Media Auftrittes haben. Neben der oben bereits skizzierten Charakterisierung Ihrer Kunden sind gleichfalls der Wettbewerb und seine Online-Aktivitäten zu analysieren und zu bewerten. Auch generelle Markttrends spielen hier eine Rolle.

O = Objectives (Ziele): Der zweite Schritt im POST-Framework beinhaltet die Definition ihrer Ziele auf Basis der vorangegangenen Zielgruppen-, Markt-, Wettbewerbs- sowie Unternehmensanalyse. Zunächst gilt generell, dass Sie die Social Media Ziele konsequent aus den Unternehmens zielen ableiten müssen. Welche Ziele Unternehmen in Deutschland im Rahmen ihrer Social Media Aktivitäten anstreben, zeigt Abb. 15.

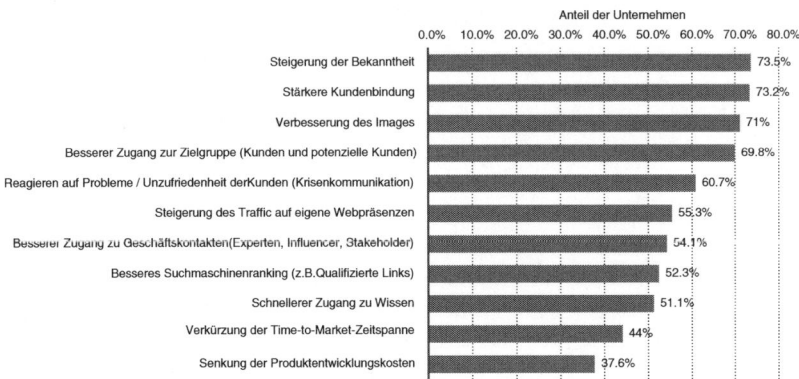

Abb. 15   Wie wichtig sind für Ihr Unternehmen die folgenden Gründe für den Einsatz von Social Media? (Quelle: Statista 2015)

Während die Zielvorgaben im traditionellen Marketing eher absatzorientiert sind, geht es im Rahmen des Social Media Marketings wie weiter oben bereits ausgeführt vordringlich um die Initiierung, den Ausbau und die Festigung von Kundenbeziehungen und -Dialogen. Wenn Sie Social Media Marketing daher ausschließlich als Absatzbringer einsetzen wollen, werden Sie nicht das für den Erfolg Ihrer Strategie so wichtige Vertrauen Ihrer Kunden gewinnen. Dieses benötigen Sie aber unbedingt, um individuelle Kundenbeziehungen aufzubauen.

> Mit Social Media Marketing bringen Sie Ihre Kunden mit Ihrer Marke bzw. Ihrem Unternehmen in Kontakt, Sie sollten und dürfen aber in den sozialen Medien jedoch kein vordringliches Absatzmarketing betreiben. Im Rahmen von Social Media Marketing sollten Sie generell immer das Ziel haben, mit regelmäßigem Austausch über Ihr Produkt eine starke Kundenbindung, einen guten Ruf im Netz sowie eine intensivere Markenwahrnehmung zu erzeugen.

Im Rahmen der Zieldefinition ist von Bedeutung, Ziele nicht einfach nur aus Sicht des Unternehmens abzuleiten, sondern zunächst einmal die Perspektive Ihrer Kunden einzunehmen. Durch diesen Perspektivenwechsel können Sie herausfinden, was sich Ihre Kunden wünschen und auf diese Weise auch den oben dargestellten Erfolgsfaktor „Relevanz" berücksichtigen. Stellen Sie sich in diesem Zusammenhang daher unter anderem die folgenden Fragen:

- Inwieweit sprechen Ihre Kunden im Internet über Ihre Produkte und Dienstleistungen? Gibt es einen hohen Kommunikationsbedarf?
- Welche speziellen Foren oder Seiten über Ihre Produkte und Dienstleistungen gibt es? Worüber tauschen sich die User dort aus?
- Gibt es Meinungsführer und Markenliebhaber? Was schreiben und was kritisieren sie?
- Was halten Ihre Kunden von ihrem Kundenservice?
- Wo kaufen Ihre Kunden Ihre Produkte online?

Nachdem Sie sich Ihre Ziele bewusst gemacht haben, sollten Sie diese klar und eindeutig formulieren und unscharfe Zielbeschreibungen wie die folgenden vermeiden: „möglichst viele Follower", „hohe Anzahl an Aufrufen (Views)", „intensive Interaktion". Sämtliche Ziele müssen gut und verständlich formuliert werden. Die Kriterien für klare Zielformulierungen sind im Modell der sogenannten *SMART*en Ziele definiert. Bei diesem Modell stehen die einzelnen Buchstaben für Eigenschaften, die eine klare Zielformulierung ausmachen:

- *S = spezifisch (der Zielinhalt ist eindeutig):* Das Ziel muss klar und eindeutig formuliert sein. Hierbei sollten Sie darauf achten, allgemeine, relativierbare Begriffe wie „schnell", „umfassend" oder Ähnliches zu vermeiden. Ziele beschreiben Sie am besten mit klaren Anforderungen an den Endzustand – so als wären diese Ziele bereits erreicht.
- *M = messbar (der Zielerreichungsgrad ist messbar):* Ein Ziel muss präzise definiert werden, damit Sie objektiv bestimmen können, ob und wann Sie es erreicht haben. Definieren Sie daher alle Ihre Ziele mit bewertbaren Größen.
- *A = anspruchsvoll bzw. attraktiv (das Ziel ist erstrebenswert):* Ihr Ziel muss für Sie attraktiv, also motivierend sein. Ist das Verhandlungsziel zu einfach zu erreichen, wirkt es nicht motivierend. Nur Ziele, welche realistisch, aber gleichzeitig auch nicht einfach zu erreichen sind, sind attraktive Ziele.
- *R = realistisch (das Ziel ist erreichbar):* Ihre Ziele müssen realistisch und in der Verhandlung erreichbar sein. Wenn Sie sich Ziele setzen, welche illusorisch sind, demotivieren Sie sich, weil Sie zum Scheitern verurteilt sind.
- *T = terminiert (das Ziel muss innerhalb einer vorgegebenen Zeit erreicht sein):* Jedes Ziel hat einen definierten Erledigungszeitpunkt.

Das Modell der SMARTen Ziele unterstützt Sie im Rahmen des Social Media Marketings wirkungsvoll bei der Formulierung von klaren, realistischen und ambitionierten Zielen.

$S = Strategy$: Auf den beiden oberen Punkten baut dann die Strategie auf. Hierbei legen Sie Ihre Social Media Maßnahmen fest. Entscheidend sind in diesem Zusammenhang unternehmerische Voraussetzungen wie Personalaufwand, Kompetenzen im Umgang mit Social Media und generell die Frage, ob das Unternehmen genug *Substanz* bietet, um attraktive und damit für die Nutzer relevante Inhalte zu liefern. Folglich gilt: *„Content is King!"*

Bei der Entwicklung und insbesondere später bei der Umsetzung einer Social Media Strategie ist darauf zu achten, dass es nicht nur zu einer zielgruppenorientierten Vernetzung der einzelnen sozialen Medien kommt, sondern auch zu einer Vernetzung mit den weiteren kommunikativen Maßnahmen Ihres Unternehmens. Nur auf diese Weise kann ein in sich schlüssiger Gesamtauftritt des Unternehmens sichergestellt werden.

Im Rahmen des Social Media Marketing und speziell in Bezug auf die Social Media Strategie müssen Sie entscheiden, ob und wenn ja in welcher Weise Sie sich innerhalb der sozialen Medien beteiligen. *Professor Ralf Kreutzer,* Co-Autor des Bestsellers *„Digitaler Darwinismus"* betont, dass aus der alte Spruch „Der Köder muss dem Fisch schmecken und nicht dem Angler" gilt, er aber im Hinblick auf den Einsatz des Social Media Marketings um den folgenden Satz ergänzt werden muss: Aber dem Angler sollte das Angeln Spaß machen. Wenn Sie sich als Unternehmen auf einen Trend stützen, weil es alle tun, dafür aber keine authentische Leidenschaft mitbringen oder entwickeln, sollten Sie es besser lassen, da andernfalls die angelockten Fische irritiert wieder davonschwimmen, so *Kreutzer.*

Grundsätzlich stehen Ihnen als Unternehmen drei Handlungsoptionen des Social Media Marketing zur Auswahl. Diese können mit den Begriffen *„Zuhören"* (auch: *„Passiver Ansatz"*), *„Reagieren"* (auch: *„Reaktiver Ansatz"*) und *„Agieren"* (auch: *„Proaktiver Ansatz"*) beschrieben werden:

- *Zuhören/Passiver Ansatz: Web-Monitoring:* Die Minimalstufe eines Social Media Engagements, welches alle Unternehmen – unabhängig von ihren sonstigen Internetaktivitäten – hinsichtlich der sozialen Medien umsetzen sollten stellt der passive Ansatz dar, welcher durch das Zuhören bzw. ein leistungsfähiges Web-Monitoring gekennzeichnet ist. Diese Beobachterrolle dient dazu, die Kontrollierbarkeit der Kommunikation zu sichern und bietet, etwa im Falle

einer Negativberichterstattung, die Möglichkeit, einzugreifen. Es gilt herauszufinden, auf welche Art und Weise in den sozialen Medien über die eigenen Leistungen gesprochen wird. Da die sozialen Medien bekanntermaßen nie schlafen,
darf sich deren Überwachung im Rahmen des Web-Monitorings natürlich nicht
an klassischen Arbeitszeiten orientieren. Ansonsten laufen Sie Gefahr, dass Sie
entscheidende Entwicklungen wie beispielsweise Negativberichterstattungen,
welche eine unmittelbare Reaktion erfordern, im wahrsten Sinne des Wortes
„verschlafen". Ein effektives Web-Monitoring verschafft Ihnen auch die notwendigen informatorischen Grundlagen, um die beiden anderen Formen der Nutzung der sozialen Medien auszugestalten, da die Beobachterposition Ihnen hilft,
die Bedürfnisse und Wünsche der Kunden zu ergründen.

- *Reagieren/Reaktiver Ansatz: Integration:* Sie können aus der Passivität des
  reinen Web-Monitorings heraustreten und sich in die kommunikativen Aus-
  tauschprozesse innerhalb der sozialen Medien integrieren. Dies kann notwen-
  dig werden, wenn entsprechend negative Diskussionen für ein Unternehmen
  nicht hinnehmbar sind, beispielsweise im Falle falscher Anschuldigungen,
  einseitiger Darstellungen oder sonstiger Verunglimpfungen. Im Rahmen dieses Ansatzes können Sie zu bestimmten Themen Stellung beziehen und versuchen, auf die Ausrichtung der Kommunikation Einfluss zu nehmen. Zum
  anderen können Sie bestehende Plattformen nutzen, um sich dort mit Ihren
  Angeboten zu platzieren und Ihre Zielgruppen auf diesem Wege anzusprechen.
  Der reaktive Ansatz eignet sich sehr gut als erster Social Media Einstieg, da
  er Ihnen die Möglichkeit gibt, das Verhalten Ihrer Kunden zu studieren, Tools
  auszuprobieren und einen ersten Eindruck von der Kommunikation in den
  sozialen Medien zu gewinnen.
- *Agieren/Proaktiver Ansatz: Kreation:* Dieser Ansatz stellt die umfassendste
  Form des Engagements dar und beinhaltet den Aufbau eigener Plattformen in
  den sozialen Medien, indem beispielsweise eigene Foren entwickelt werden,
  um sich über diese aktiv in die Meinungsbildung einzubringen. Proaktiv kann
  in diesem Zusammenhang auch bedeuten, dass Sie Ihre Kunden direkt in den
  Produktionsprozess mit einbinden. Sie können Ihre Kunden im Rahmen dieses
  Ansatzes direkt ansprechen, und Ihnen einen Feedback-Kanal anbieten, beispielsweise mittels eines eigenen Videokanals auf *YouTube,* worauf in den folgenden Kapiteln detailliert und im Einzelnen eingegangen wird.

T = Technology: Nachdem Sie Ihre Wettbewerber, Ihr Marktumfeld, Ihr
Unternehmen sowie Ihre Zielgruppe analysiert, Ihre Ziele definiert und eine
Social Media Strategie entwickelt haben, ist es an der Zeit, mit ihren Kun-
den ins Gespräch zu kommen. Der letzte Punkt des POST-Frameworks lautet

Technologie und vereint zwei Dinge: Zum einen natürlich die Instrumente und Plattformen, mit denen Sie arbeiten, wie *Twitter* oder *YouTube* (also das „Wo" des Social Media Marketing) und zum anderen natürlich unbedingt die *Erfolgs-messung* (z. B. mit Social Media Monitoring-Tools).

Social Media Marketing umfasst eine Vielzahl von Plattformen und Tools, welche der Kommunikation, Interaktion und dem Austausch von Inhalten und Informationen dienen:

- *Blogs* (z. B. *WordPress, TypePad, Squarespace, LifeJournal, Blogger u. D.*) und *Microblogs* (z. B. *Twitter, Tumblr*)
- *Soziale Netzwerke* (z. B. *Facebook, Google+, LinkedIn, Xing*)
- *Social Bookmarking* (z. B. digg.com, folkd.com, linkarena.de, shortnews.de, webnews.de)
- *Online-Foren* (z. B. *Qype*) und *Online-Communities* (z. B. *Wikipedia*)
- *Media-Sharing-Plattformen oder Content-Plattformen* (z. B. *YouTube*)

Eine herausragende Bedeutung in diesem Kontext kommt der Media-Sharing-Plattform *YouTube* zu, welche mit mehr als einer Milliarde Nutzern und monatlich über sechs Milliarden Stunden abgerufenem Videomaterial weltweit zur absoluten Nummer 1 der Online-Videoplattformen geworden ist. *YouTube* hat sich dabei über die Kategorien der Content-Plattform zu einem sozialen Netzwerk und einer der wichtigsten Marketing-Plattformen für Unternehmen, Selbststän-dige und Freiberufler entwickelt.

Vor diesem Hintergrund konzentriert sich dieses Buch auf *YouTube* als welt-weit größte Videoplattform. In den nachfolgenden Kapiteln wird Ihnen detailliert aufgezeigt, wie Sie Online-Marketing und Kundenkommunikation erfolgreich mittels *YouTube-Videos* gestalten können, Ihren Bekanntheitsgrad signifikant stei-gern und letztlich wesentlich erfolgreicher am Markt agieren können.

Das Wichtigste in Kürze

- Unternehmen müssen verstärkt versuchen, Online-Marketing und Social Media (auch soziale Medien genannt) zur Erreichung eigener Marketing-ziele nutzbar zu machen.
- Online-Marketing kann definiert werden als die Planung, Organisation, Durchführung und Kontrolle aller marktorientierten Aktivitäten, welche sich mobiler und oder stationärer Endgeräte mit Internetzugang zu Errei-chung von Marketingzielen bedienen.
- Durch innovative technologische Möglichkeiten entwickelten sich immer mehr bisher passive Konsumenten des Web 1.0 (Konsumenten oder

Consumers) zum mitgestaltenden Produzenten eines Web 2.0. Diese Entwicklung spiegelt sich im Begriff „Prosumer" als Mischung von „Producer" und „Consumer" wider.

- Den Kern des Web 2.0 stellt der so genannte User-Generated-Content dar, d. h. das Einstellen von Inhalten ins Netz, welche von nicht-professionellen Internetnutzern selbst generiert wurden.
- Studien zeigen, dass länderübergreifend ca. 10 % der Internet-Nutzer sehr aktiv ist und beispielsweise eigene Beiträge in Blogs oder Online-Communities postet. 20 % reagieren auf solche Einträge, während eine Mehrheit von 70 % lediglich lesend aktiv ist.
- Es gilt: Interessenten und Kunden unterhalten sich heute online über das Unternehmen, dessen Führungskräfte, Mitarbeiter, Produkte, Dienstleistungen und den Werbeauftritt und zwar unabhängig davon, ob das betreffende Unternehmen zuhört oder nicht!
- Besinnen Sie sich auf den Kern des Marketings: Im Kopf des Kunden denken – und im Herzen des Kunden fühlen. Dazu gehört, dass Sie nicht versuchen, Produkte und Dienstleistungen zu verkaufen, sondern deren Nutzen empfängerorientiert kommunizieren!
- Die klassische AIDA-Formel ist konsequent zu einer ASIDAS-Formel weiterzuentwickeln, um den zusätzlichen Aktivitäten innerhalb des Customer Journey Rechnung zu tragen.
- Achten Sie schon bei der Konzeption von Marketing-Maßnahmen darauf, dass Messpunkte zur Erfolgskontrolle eingeplant und aussagefähige Key-Performance-Indicators (KPIs) wie Return-on-Marketing-Investment (ROMI) definiert werden. Führen Sie keinerlei Maßnahmen durch, deren Erfolgsmessung nicht möglich ist.
- Nur wenn Sie mehr leisten als Sie versprechen, werden Sie Begeisterung auslösen – eine zentrale Voraussetzung für langfristig zufriedenstellende Kundenbeziehungen.
- Unter dem Begriff Social Media beziehungsweise soziale Medien werden dabei Online-Medien und -Technologien zusammengefasst, welche es den Internetnutzern ermöglichen, einen Informationsaustausch online durchzuführen, welcher weit über die klassische E-Mail-Kommunikation hinausgeht.
- Im Rahmen des Social Media Marketings versuchen Unternehmen, soziale Medien zur Erreichung entsprechender Marketingziele nutzbar zu machen.
- Die sozialen Medien können sowohl werteschaffende als auch wertevernichtende Inhalte aufweisen. Es liegt an Ihnen selbst, welche Inhalte dominieren!

- Soziale Medien dürfen nicht einfach als ein weiterer reiner Verkaufs-, Werbe- oder PR-Kanal missverstanden werden. Sie eröffnen vielmehr hervorragende Möglichkeiten, in den Dialog mit relevanten Stakeholdern zu treten und langfristige Kundenbeziehungen aufzubauen.

- Die übergreifend gebotene Glaubwürdigkeit von Unternehmen, Marken und Angeboten wird nur dann erreicht, wenn Sie Ihre Kommunikation in den sozialen Medien konsequent an den genannten Kriterien Ehrlichkeit/ Authentizität, Offenheit/Transparenz, Relevanz und Kontinuität/Nachhaltigkeit ausrichten und eine Kommunikation auf Augenhöhe kultivieren.

- Es bringt Ihnen nichts, das Pferd von hinten aufzuzäumen, indem Sie mit den Tools bzw. der Technologie anfangen da dies langfristig nur dazu führt, dass Sie viele Social Media Baustellen haben aber keine nachhaltige Strategie.

- Durch eine adäquate Kundenanalyse erfahren Sie, wo und wie Sie das Wort an Ihre Zielgruppe richten müssen.

- Mit Social Media Marketing bringen Sie Ihre Kunden mit Ihrer Marke bzw. Ihrem Unternehmen in Kontakt, Sie sollten und dürfen aber in den sozialen Medien jedoch kein vordringliches Absatzmarketing betreiben. Im Rahmen von Social Media Marketing sollten Sie generell immer das Ziel haben, mit regelmäßigem Austausch über Ihr Produkt eine starke Kundenbindung, einen guten Ruf im Netz sowie eine intensivere Markenwahrnehmung zu erzeugen.

- Das Modell der SMARTen Ziele unterstützt Sie im Rahmen des Social Media Marketings wirkungsvoll bei der Formulierung von klaren, realistischen und ambitionierten Zielen.

YouTube als Marketing-Kanal

3

Die Bedeutung von YouTube als soziales Netzwerk in Zeiten von Social Media

Seit seiner Gründung am 14. Februar 2005 hat sich *YouTube* sehr schnell und dynamisch entwickelt und bietet vor allem aus Sicht des Online-Marketings einen herausragenden Mehrwert für Unternehmen und Selbstständige. Was anfangs eher der Unterhaltung diente und mit lustigen Videos startete, stellt heutzutage einen sehr effektiven und effizienten Kanal für internationale Unternehmen, kleine und mittelständische Unternehmen, Selbstständige, Blogger und Internetstars dar. Mit mehr als 1 Mrd. Nutzern und monatlich über 6 Mrd. h angeschautem Videomaterial ist *YouTube* zur absoluten Nummer 1 der so genannten Media-Sharing-Plattformen oder Content-Plattformen geworden! In diesem Zusammenhang ist es wichtig zu betonen, dass *YouTube* nicht mehr lediglich eine Plattform für Videos bzw. entsprechende Inhalte darstellt sondern sich zu einem essenziellen sozialen Netzwerk entwickelt hat und auf bestem Wege ist, das Fernsehen der Zukunft zu werden. So sahen die Deutschen nach der Studie *„Future in Focus – Digitales Deutschland"* des Marktforschungsunternehmens *comScore* im Jahre 2013 bereits durchschnittlich pro Monat 22 Videos online bei RTL an, während auf *YouTube* hingegen ca. 100 Videos angeschaut wurden.

> Ein *soziales Netzwerk* ist eine *Social Media Plattform,* welche es dem Nutzer erlaubt, neue Beziehungen zu Geschäftspartnern und/oder Privatpersonen aufzubauen, Gleichgesinnte zu finden und mit diesen in Kontakt zu treten und zu bleiben.

© Springer-Verlag Berlin Heidelberg 2016
M.O. Opresnik und O. Yilmaz, *Die Geheimnisse erfolgreichen YouTube-Marketings,*
Geheimnisse des Erfolgs, DOI 10.1007/978-3-662-50317-1_3

Welche Social Media Plattformen beim Einsatz in deutschen Unternehmen heute dominieren, zeigt eine Studie des *Bundesverband Digitale Wirtschaft (BVDW) e. V.* (vgl. Abb. 1).

47 % der Unternehmen, welche sich mit Social Media beschäftigen, setzen den Studienergebnissen zu Folge auf die privaten wie beruflichen sozialen Netzwerke wie *Facebook* oder *LinkedIn*. Bezeichnenderweise wird *YouTube* hier klassisch den Videoplattformen zugerechnet, obgleich es – wie bereits erwähnt – heute vielmehr als soziales Netzwerk gelten muss! Wie aus der Abbildung ersichtlich wird, binden lediglich rund 20 % der Unternehmen Videoplattformen wie *YouTube* ein, Micro-Blog-Plattformen wie beispielsweise *Twitter* verwenden rund 22 % der Unternehmen.

Die im Vergleich zu anderen Ländern wie beispielsweise den USA „ausbaufähige" Nutzung von sozialen Medien liegt daran, dass für deutsche Unternehmen zahlreiche Probleme und Hindernisse mit Social Media Aktivitäten verbunden sind wie die bereits zitierte Studie des *Bundesverbands Digitale Wirtschaft (BVDW) e. V.* zeigt: Neben Problemen des Datenschutzes werden vor allem fehlendes Know-how sowie eine mangelnde Beteiligung bzw. Wahrnehmung durch die Zielgruppe auf die Frage „Welche der folgenden Punkte sehen Sie als

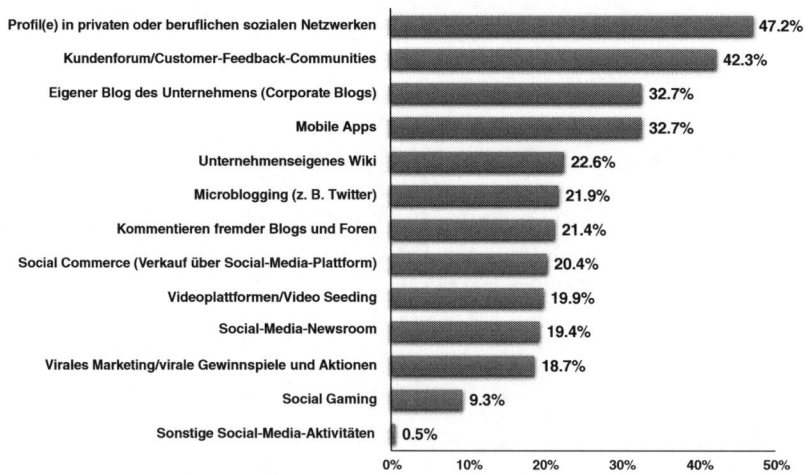

Abb. 1 Social-Media-Aktivitäten in deutschen Unternehmen – in % (Frage: „Welche Social-Media-Aktivitäten führt Ihr Unternehmen genau durch?"; n = 407; nur Anwender von Social Media). (Quelle: BVDW 2014 und in Anlehnung an Kreutzer 2016)

Problem oder Hindernis für die Social Media Aktivitäten in Ihrem Unternehmen an?" angeführt (vgl. Abb. 2).

Verena Hantke-Grundner, beim Unternehmen „*Innovation Store"* verantwortlich für Marktforschungsprojekte, meint, dass diverse Unternehmen vor allem auch die Befürchtung hegen, dass durch Social Media Aktivitäten lediglich die jüngere Generation angesprochen wird. Ein weiterer Grund für das verhaltene Agieren der Unternehmen sieht die Social Media Expertin, deren Hauptaugenmerk auf der Unternehmenskommunikation liegt, in der Sorge, als unseriös wahrgenommen zu werden – entweder weil die Unternehmen es selbst unseriös finden oder weil sie glauben, dass die Zielgruppe dies als unseriös empfinden könnte. Hinzu kommt nach Meinung des Marketing-Professor *Ralf Kreutzer,* dass die sozialen Medien und insbesondere YouTube sowie die dort agierenden Protagonisten für viele Unternehmen noch Neuland darstellen. Sie müssen erst lernen, so *Kreutzer,* dass dort digitale Meinungsführer unterwegs sind, die häufig ein Millionenpublikum erreichen. Diese von den Unternehmen – in Abhängigkeit von Größe und Branche – höchst unterschiedlich beurteilten Herausforderungen bedingen, dass einige gar gänzlich auf Social Media Aktivitäten verzichten. Nach Maßgabe der oben zitierten *BVDW-Studie* fehlt bei jedem vierten Unternehmen vor allem die Relevanz der Kundenzielgruppe zum Thema Social Media (vgl. Abb. 3).

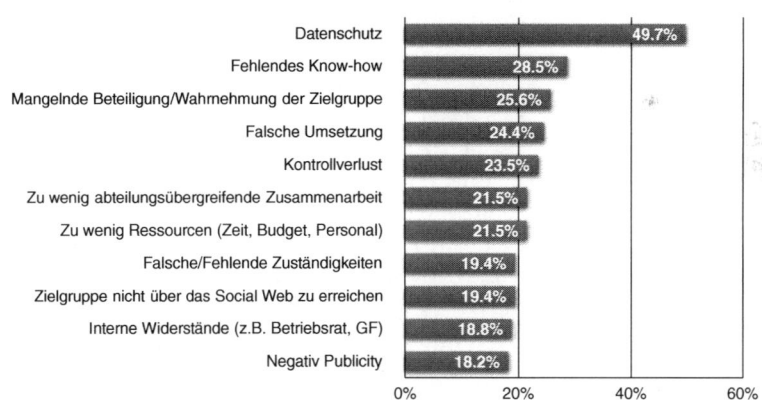

Abb. 2 Probleme und Hindernisse bei Social-Media-Aktivitäten – in % (Frage: „Welche der folgenden Punkte sehen Sie als Problem oder Hindernis für die Social-Media-Aktivitäten in Ihrem Unternehmen an?"; Mehrfachnennungen möglich; n = 340; nur Anteil der Anwender, die Probleme oder Hindernisse feststellen). (Quelle: BVDW 2014 und in Anlehnung an Kreutzer 2016)

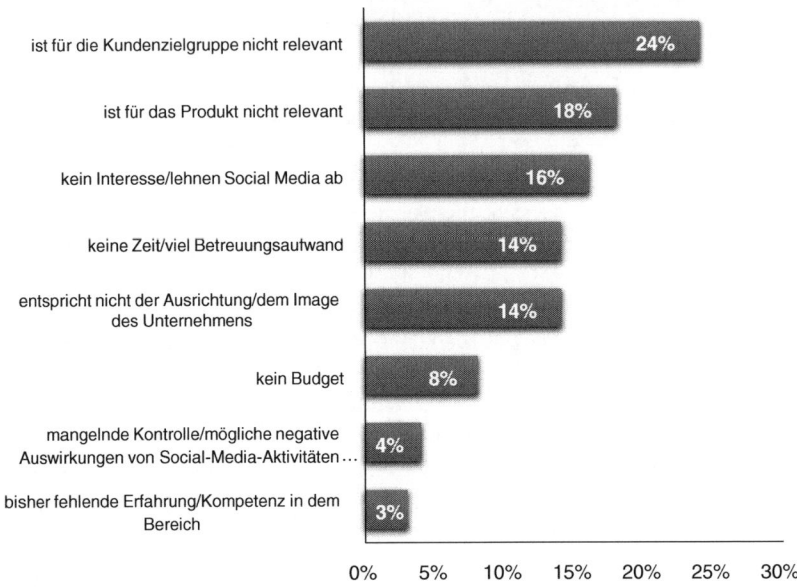

Abb. 3 Gründe gegen eigene Social-Media-Aktivitäten – in %. (Quelle: BVDW 2014 und in Anlehnung an Kreutzer 2016)

Obgleich den sozialen Medien, wie in Kap. 2 gezeigt und durch zahlreiche nationale wie internationale Studien belegt, eine immer größere Bedeutung im Rahmen des Unternehmenserfolgs zukommt, haben deutsche Unternehmen das entsprechende Potenzial noch nicht hinreichend ausgeschöpft. Dies gilt insbesondere für *YouTube* als soziales Netzwerk. In Ergänzung zu den oben bereits genannten Problemen in Bezug auf Social Media Aktivitäten bzw. Gründen, welche sogar zu einer Nicht-Beteiligung führen, sind in der Praxis die folgenden Einwände zumeist ursächlich für die in Deutschland eher zurückhaltende Nutzung der Potenziale von *YouTube.* Im Folgenden werden diese kurz dargestellt und kommentiert:

- *Video-Marketing ist zu aufwendig:* Viele Entscheider und Marketingverantwortliche in den Unternehmen aber auch Selbstständige verbinden mit der Redaktion, Produktion und Pflege von Videoinhalten einen allzu großen Zeitfaktor. In Zeiten immer strafferer Tagesabläufe beschäftigen sich leider nur wenige mit neuen Kommunikationskanälen. Natürlich bedeutet die Pflege eines Unternehmenskanals einen zusätzlichen Mehraufwand! Unbestritten ist aber auch, dass *YouTube* es ermöglicht – ohne dass hierfür besondere technische Fähigkeiten erforderlich wären – in nur wenigen Minuten Videos hochzuladen und Millionen von Nutzern bereitzustellen. Auch die Produktion von entsprechenden Inhalten ist dank immer besserer und leicht zu bedienender digitaler Aufnahmegeräte oder sogar mit dem Smartphone ohne großen Zeitaufwand möglich.

- *Die Produktion von Videos ist zu kostenintensiv:* Wie bereits erwähnt, ist jeder Nutzer angesichts der wachsenden Verbreitung von digitalen Kameras und sonstigen Aufnahmegeräten in der Lage, Videos kostengünstig zu produzieren. Zumeist erfüllt sogar das Smartphone die Qualitätsansprüche. Darüber hinaus können die produzierten Inhalte kostengünstig mittels entsprechender Videoschnittprogramme qualitativ verbessert und ergänzt werden.

- *Portale wie YouTube sind für unsere Branche irrelevant:* Häufig unterschätzen Unternehmen ihre potenziellen Kunden und/oder schätzen deren Interessen falsch ein. Dabei hat sich das Mediennutzungsverhalten unzähliger Nutzer in den letzten Jahren dramatisch gewandelt, so dass Videos mehr und mehr an Bedeutung gewinnen und insbesondere *YouTube* längst nicht mehr eine reine Unterhaltungsfunktion erfüllt. Denn die Adressaten, die Nutzer der sozialen Netzwerke, gehören einen neuen und äußerst medienkompetenten Generation an. Zu dieser – dies ist wichtig zu betonen – zählen dabei nicht nur junge Menschen. Auch die älteren Generationen nutzen das Internet immer selbstverständlicher, um mit dem PC oder dem Smartphone im Internet zu surfen, alles Mögliche zu „googlen", Blogs zu lesen, Bilder zu betrachten, Musik zu hören, soziale Netzwerke zu nutzen, Nachrichten und Links über E-Mails oder SMS zu empfangen und zu versenden und vieles mehr. So ist das *YouTube* zur zweitgrößten Suchmaschine der Welt geworden und entwickelt in Kombination mit der *Google*-Suche ein enormes Potenzial, beispielsweise im Rahmen der Suchmaschinenoptimierung *(SEO: Search-Engine-Optimization)*. Denn bereits heute werden Themen relevante Videos prominent in den Suchergebnissen *(SERPs = Search-Engine-Result-Page)* angezeigt – und dies mit steigender Tendenz.

- *Bei Milliarden von YouTube Videos hat unser Video ohnehin keine Chance:* Natürlich gibt es eine schier unendliche Anzahl von Online-Videos. Wichtig ist, dass es sich dabei jedoch um beinahe ebenso viele unterschiedliche Thematiken handelt. Reine Unterhaltungsvideos, Musikclips oder Inhalte aus TV-Produktionen zählen zwar zu den beliebtesten Videos, jedoch bietet *YouTube* neben dem reinen „Entertainment" auch für den Bereich „Information" eine effektive und effiziente Plattform. Viele Nutzer und mithin potenzielle Kunden nutzen die Suchfunktion von YouTube, um über Themen zu recherchieren. Mit einem optimierten Video als Gebrauchs- oder Aufbauanleitung für Ihr Produkt können Sie beispielsweise Ihre Kunden direkt bei Ihren Suchanfragen abholen!

Seien Sie jetzt ehrlich: Sie werden sicherlich zumindest bei einer der oben aufgeführten Aussagen zustimmend genickt haben. Dies soll Ihnen an dieser Stelle keineswegs zum Vorwurf gemacht werden, da *YouTube* nämlich, wie bereits angesprochen, noch nicht hinsichtlich seines vollen Potenzials in den Köpfen der meisten Marketingverantwortlichen angekommen ist. Dies liegt vorwiegend daran, dass *YouTube* und Co. in vielerlei Hinsicht für Unternehmen noch ein „unbekanntes" Terrain darstellen, unterstreicht die gelernte Medienkauffrau *Ira Leschner.* Viele Unternehmen, so die 24-jährige Social Media Expertin, haben noch keine Erfahrungen mit Marketing auf Social Media Kanälen und scheuen daher den Schritt in diese schnelllebige digitale Welt. Da die Unternehmen sich erst ein gewisses Know-how erarbeiten bzw. auch einkaufen müssen, gibt es in Bezug auf die Nutzung der digitalen Kanäle noch entsprechend großes Wachstumspotenzial.

Welche Bedeutung aber *YouTube* als soziales Netzwerk mittlerweile erlangt hat, zeigt eine aktuelle Studie der *Tomorrow Focus AG* (vgl. Abb. 4).

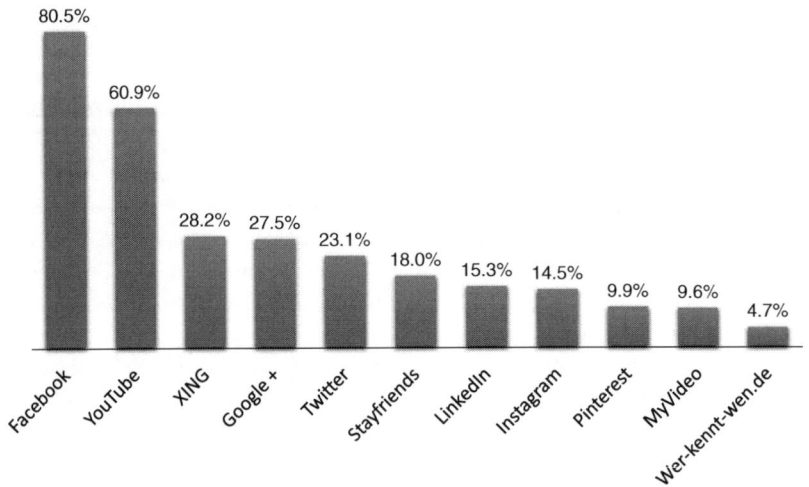

Abb. 4 Intensität der Nutzung sozialer Netzwerke (Frage: „Welche der folgenden Social-Media-Plattformen nutzt Du?"; n = 589; Ausschnitt). (Quelle: Tomorrow Focus AG 2015)

Nach Maßgabe dieser Umfrage greifen gut 80 % der deutschen Internet-Nutzer auf *Facebook* zu. Gleich danach geben knapp 61 % der Internet-Nutzer an, *YouTube* als soziales Netzwerk zu nutzen! Im Gegensatz zu den 2013-er Ergebnissen konnte *YouTube* einen Gewinn von 9,1 % verzeichnen, *Facebook* hingegen hat 2,2 % verloren! Bemerkenswert ist es in diesem Kontext, dass die Videoplattform in Bezug auf die Nutzungshäufigkeit nach *Facebook* und *Instagram* bereits auf Platz 3 liegt.

Vorreiter in der Nutzung sozialer Medien sind die USA. Laut einer Studie des *BtoB Magazine* nutzten bereits im Jahre 2011 enorme 92 % der befragten B2B-Unternehmen in den USA mindestens eines der Instrumente der sozialen Medien. Welches Potenzial in *YouTube* als Marketing-Kanal steckt zeigt auch anschaulich eine Umfrage, aus welcher die Nutzung der Social Media Plattformen bei den *Fortune Top 500 Unternehmen* hervorgeht (vgl. Abb. 5).

Es zeigt sich, dass bereits im Jahre 2013 jeweils um die 70 % der Unternehmen auf *Twitter, Facebook* und *YouTube* aktiv waren. In einer aktuellen Studie zur Nutzung von Social Media Kanälen durch Versand- und Online-Händler in Deutschland im Jahr 2015, welche die *Creditreform Boniversum GmbH* gemeinsam mit dem *Bundesverband E-Commerce und Versandhandel e. V. (bevh)* durchgeführt hat, gab bereits die Hälfte der befragten Unternehmen an, *YouTube* zu nutzen (vgl. Abb. 6).

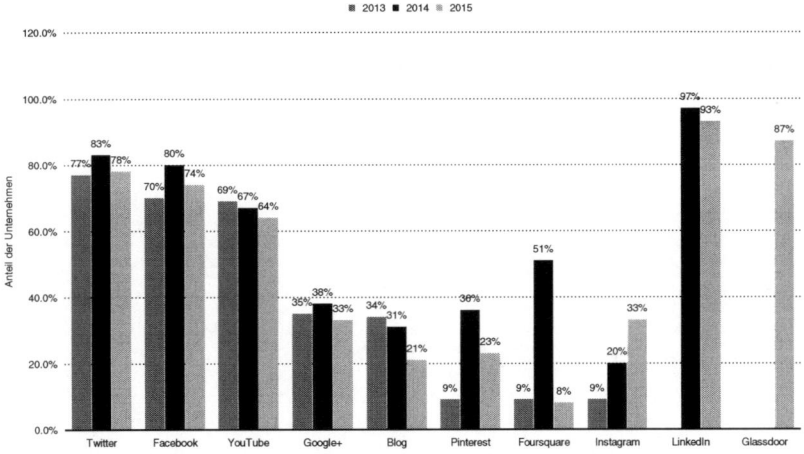

Abb. 5 Nutzung von ausgewählten Social Media Plattformen durch Fortune Top 500 Unternehmen in den Jahren 2013 bis 2015. (Quelle: Statista.com 2015)

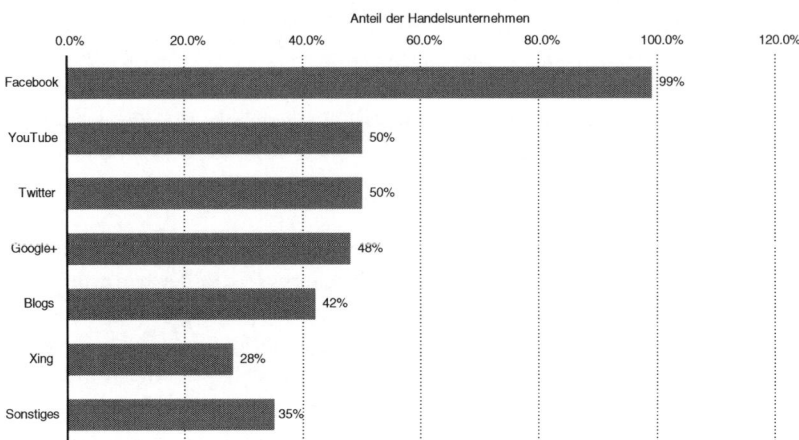

Abb. 6 Nutzung von Social Media Kanälen durch Versand- und Online-Händler in Deutschland 2015. (Quelle: Statista.com 2016)

Vor diesem Hintergrund möchte Sie der vorliegende Ratgeber für das große Potenzial von *YouTube* als Marketing-Kanal und seinen Zusatznutzen im Rahmen der Online-Kommunikation und Kundenbindung sensibilisieren. Damit Sie eine noch bessere Vorstellung davon bekommen, welches Potenzial für Sie bzw. Ihr Unternehmen in *YouTube* steckt werden zunächst im Folgenden die Prinzipien des Videomarketings erläutert.

Prinzipien von Online-Videos und Video-Marketing

Mittlerweile betreiben immer mehr große Unternehmen und internationale Konzerne Online-Marketing mittels Videos. Mit der zunehmenden Digitalisierung und dem rasanten Wachstum von *YouTube* steht das Video-Marketing aber zunehmend auch allen anderen offen, seien es kleine und mittelständische Unternehmen, Unternehmer oder Künstler! Was macht Video-Marketing auf *YouTube* für beide Seiten – also das Unternehmen und den User – interessant? Videos vereinen viele Vorteile: Durch ihre Bewegtheit und Dynamik ziehen sie die Aufmerksamkeit des Betrachters besser auf sich als Fotos, Text oder reines Audio, da durch dieses Medium gleich zwei Sinne angesprochen werden. Für den Konsumenten bedeutet dies eine *auditive* und *visuelle* Erfahrung. Videos sind nicht so abstrakt und unpersönlich wie Texte, unterstreicht auch *Sarah-Jane Rabenstein,* die als Junior Controller für das Real Estate Asset Management Unternehmen *Dream Global Advisors Luxembourg S.à.r.l.* arbeitet. Videos ermöglichen es, dem Zuschauer innerhalb kürzester Zeit mehr Inhalt und mehr Emotionen näher zu bringen. Die Motivation, sich ein Video anzusehen, ist höher, als sich einen langen Text durchzulesen, da die Inhalte informativer, schneller und besser visuell aufbereitet werden können als es bei Text oder Bildern der Fall ist, so die Social Media Expertin, die häufig zuerst auf die Suche über *YouTube* zurückgreift, um sich über komplexere Zusammenhänge zu informieren. Videos sind einfach flexibler, da man im Gegensatz zum Papier hier multimedial erzählen kann und dadurch viel mehr Möglichkeiten hat, unterstreicht *Andreas Wittke,* Manager System Development & Administration am Institut für Lerndienstleistungen der *Fachhochschule Lübeck.* Durch die Interaktivität, z. B. Augmented Reality, 360 Grad Videos, flexibles Storytelling oder Quizzes können durch innovatives Storytelling ganz neue Zuschauerbindungen erzeugt werden, so *Wittke,* der nicht nur ein gefragter Keynote-Sprecher in diesem Bereich ist sondern auch den *Wissens-Wert-Preis* der *Wikimedia* gewonnen hat.

Videos begeistern, da sie gleich mehrere Erfahrungsebenen berühren. Dies trifft insbesondere auf Online-Videos zu, da in diesem Bereich vor allem drei zusätzliche Prinzipien dazukommen, welche Video-Marketing so interessant für Unternehmen und Unternehmer sowie User machen. Zunächst einmal sind Bewegtbilder durch die fortschreitende technische Mobilität mittels PC, Smartphone, Tablet etc. Fast überall abrufbar. Diese Flexibilität schätzt auch *Nadine Hartleib,* welche als Angestellte in der Finanzbranche tätig ist und nebenberuflich Betriebswirtschaftslehre und Wirtschaftspsychologie studiert. Die 24-jährige nutzt Soziale Medien und *YouTube* daher täglich, um sich kurz und prägnant über ein Thema zu informieren.

Zusätzlich zu den vorgenannten Faktoren ist es durch kostengünstige Speichermedien, Kameras und den leicht verständlichen Upload fast jedem jederzeit möglich, sich als Produzent zu betätigen und eigene Videos hochzuladen. Die hervorragende und benutzerfreundliche Oberfläche von *YouTube* sowie die Zugänglichkeit zu günstigen Aufnahmegeräten schaffen eine eigene Generation von Videomachern. Der dritte und vielleicht wichtigste Grund, weshalb Online-Videos so erfolgreich sind, ist ihre soziale Vernetzung. Durch Social Media Kanäle, E-Mail oder Kurznachrichten auf dem Smartphone verbreiten sich interessante Videos in Sekundenschnelle und können auf diese Weise in kürzester Zeit ein globales Publikum erreichen.

Die Möglichkeiten des Internets katapultieren dabei das Medium Video in eine neue Dimension! Angefangen bei der ersten Filmvorführung der Geschichte durch die Brüder *Auguste Marie Louis Nicolas Lumière* (1862–1954) und *Louis*

Jean Lumière (1864–1948) im Jahre 1895 in Paris waren die Zuschauer über ein Jahrhundert lang nur passive Konsumenten dessen, was ihnen auf der Leinwand oder später im TV präsentiert wurde. Nun aber können sie aktiv werden – und das in vielerlei Hinsicht. Als Konsumenten wählen Sie nicht nur individuell aus, was sie sehen wollen: sie entscheiden auch, wann sie sehen wollen und zu welchem Zeitpunkt sie einfach wieder wegklicken. Als Produzenten filmen User mit preiswerten Videokameras oder Smartphones alles, was sie mögen, und präsentieren es innerhalb weniger Minuten per Mausklick der ganzen Welt!

Als Unternehmen oder Unternehmer können und sollten Sie die oben genannten drei Prinzipien des Videomarketings für sich nutzen! In diesem Ratgeber werden wir Ihnen zeigen, wie es Ihnen gelingen kann, mit einem überzeugenden Video an Ihre Zielgruppen heranzutreten, diese zu einer Reaktion zu verleiten und das Video im Anschluss über die sozialen Kanäle zu verbreiten zu lassen.

YouTube ist als stärkste Plattform in diesem Bereich dabei Zugang und Mittler und fungiert in diesem Kontext, wie im Folgenden gezeigt wird, als eigenständiger Marketing-Kanal!

Warum nun YouTube? Chancen für Unternehmen und Unternehmer durch Nutzung von YouTube als Marketing-Kanal

Die größte, bekannteste und beliebteste Videoplattform der Welt ist *YouTube*. Es wurde 2005 gegründet und im November 2006 von *Google* übernommen. Es ist die weltweit wichtigste Plattform, um Bewegtbild ins Internet zu laden, anzusehen und mit anderen zu teilen.

Vor diesem Hintergrund und im Kontext der oben dargestellten Prinzipien von Online-Marketing und Social Media im Allgemeinen und der Geltung von Online-Videos und Video-Marketing im Besonderen wird die Bedeutung von *YouTube* als Marketing-Kanal und soziales Netzwerk deutlich: Für die Beschäftigung mit *YouTube* und die entsprechende Integration als Marketing-Kanal in das eigene Online-Marketing-Konzept sind sowohl für Unternehmer als auch für Unternehmen – gleichgültig ob es sich hierbei um B2B- oder B2C-Unternehmen handelt – vor allem die nachfolgenden Aspekte ausschlaggebend:

- *YouTube ist die zweitgrößte Suchmaschine der Welt:* Die Zahlen sprechen für sich: *YouTube* hat sich mittlerweile zur zweitgrößten Suchmaschine der Welt etabliert und wird von den Usern regelmäßig genutzt. Das bereits zitierte

Marktforschungsunternehmen *comScore* gibt an, dass im Jahre 2011 bei *You-Tube* bereits mehr als ein Viertel aller Suchanfragen, die der *Google*-Konzern bearbeitet, gestellt wurden. Heutzutage ist dieser Anteil noch weiter angewachsen und die Bedeutung dementsprechend angestiegen. Sicherlich betreiben Sie bzw. Ihr Unternehmen zumindest eine Art von Suchmaschinenoptimierung. Aus welchem Grund tun Sie dies? Damit man auf Ihr Unternehmen und Ihre Produkte und Dienstleistungen aufmerksam wird! Viele Unternehmen und Unternehmer investieren darüber hinaus in *Google AdWords,* damit Interessenten schneller und einfacher auf ihre Websites gelangen.

Vor diesem Hintergrund ermöglicht Ihnen ein eigener Unternehmenskanal auf *YouTube* und darauf publizierte Inhalte einen weitläufigen Zugang zu einer aktiven Nutzergruppe, wodurch Ihr Unternehmen, Ihre Dienstleistungen und Ihre Produkte auch automatisch im Internet schneller gefunden werden!

In diesem Kontext bedeutet die Einrichtung eines eigenen Unternehmenskanals sowie die Veröffentlichung von Videos nichts anderes, als der Suchmaschine *YouTube* potenzielle und relevante Ergebnisse zu liefern, welche bei einer entsprechenden Suchanfrage angezeigt werden.

- *Videos werden prominent in den Suchergebnissen von Google angezeigt:* Ein Engagement speziell bei *YouTube* erlangt auch dadurch herausragende Relevanz für Sie, dass die hier präsentierten Inhalte und Bewertungen in Form von Videos einen starken Einfluss auf die Positionierung in der organischen Trefferliste von *Google* haben. Die Chance auf eine gute Platzierung Ihres Unternehmens und Ihrer Produkte und Dienstleistungen in den Suchergebnissen ist bei einem qualitativ hochwertigen Video mit guten Inhalten wesentlich höher, als wenn Sie entsprechende Informationen – wie so viele andere Unternehmen – ausschließlich als Textseite aufbauen. Dies liegt darin begründet, dass es eine Vielzahl von entsprechenden so genannten *Landingpages* gibt und die klassische Suchmaschinenoptimierung (SEO) zudem verhältnismäßig viel Zeit in Anspruch nimmt, um gute Rankings zu erreichen.
- *Dynamische Kommunikation mit dem Kunden und Beziehungsaufbau:* You-Tube als soziales Netzwerk bietet Ihnen die Möglichkeit, über die klassische werbliche Kommunikation hinaus eine *Beziehung zu den Nutzern und mithin Ihren Kunden* auf- und auszubauen. Dies kann dabei auch dialogartige Formen annehmen, indem beispielsweise Nutzer in Innovationsprozesse aktiv eingebunden werden. Nutzen Sie diese Möglichkeit! Videos über Ihr Unternehmen, Ihre Produkte oder spezifische Dienstleistungen und Services erreichen Ihre Kunden noch expliziter, da das Format dynamisch ist und eine lebendigere, realitätsnah Kommunikation vermittelt.

- *Hohe Intensität des Zugriffs auf YouTube:* Die weiter oben dargestellte Intensität des Zugriffs auf *YouTube* als soziales Netzwerk zeigt (vgl. Abb. 2), wo Internet-Nutzer ihre Zeit heutzutage verbringen. Frei nach dem Motto *„Fish where the fish are"* sind Sie als Unternehmer und Unternehmen gleichsam gezwungen, sich kommunikativ in diesem Netzwerk zu engagieren, wenn sich wichtige Zielgruppen dort häufig und vermehrt aufhalten. Wie bereits angesprochen gleicht *YouTube* als soziales Netzwerk einen neuen TV-Kanal oder einer Zeitschrift, welche sich einer besonders hohen und ansteigenden Nutzerintensität erfreut.

- *Effektive Offpage-Optimierung:* In der Praxis kommt es häufig vor, dass Marketingverantwortliche die Unternehmens-Website und einen *YouTube-Kanal* als voneinander unabhängige Kommunikationsplattformen ansehen. Dies ist problematisch, da sowohl der *YouTube-Kanal* als auch jedes Video mit einem Link auf die Unternehmens Website ausgestattet werden können, so dass beide direkt miteinander verbunden sind. Dies funktioniert allerdings nur, wenn die URL als offizielle URL des Channels hinterlegt ist. Auf diese Weise können daher so genannte *Backlinks* generiert werden.

Ein *Backlink* (deutsch: „Rückverweis") bezeichnet einen Link, der von einer anderen Website auf die eigene Internetpräsenz führt. Bei Suchmaschinen wie *Google* gelten die Anzahl und die Qualität solcher Verweise als Indiz für die Popularität bzw. Relevanz einer Website.

Wenn Sie vor diesem Hintergrund auf *YouTube* Videos einstellen, diese optimieren und einem großen Kreis an Empfängern erreichen, steigt nicht nur die Wahrscheinlichkeit, dass sich ein Interessent mit einem Klick auf den „ULR-Hinweis" auf Ihrer Unternehmensseite wiederfindet. Werden Ihre Videos häufig weiterempfohlen, geteilt und/oder von Anfang bis Ende angesehen, steigen sie im *YouTube-Ranking,* was wiederum durch die Verlinkung ebenfalls einen positiven Effekt auf Ihre Internetpräsenz hat.

Welches große Potenzial in *YouTube* als Marketing-Kanal steckt, verdeutlichen darüber hinaus folgende eindrucksvollen Zahlen und Statistiken (diese werden regelmäßig auf der Homepage des Unternehmens aktualisiert):

- *YouTube* hat mehr als eine Milliarde Nutzer.
- Täglich werden auf *YouTube* Videos mit einer Gesamtdauer von mehreren hundert Millionen Stunden wiedergegeben und Milliarden Aufrufe generiert.

- Die Anzahl der Stunden, die Nutzer jeden Monat auf *YouTube* ansehen, steigt jährlich um 50 % im Vergleich zum Vorjahr.
- Pro Minute werden 400 h Videomaterial auf *YouTube* hochgeladen.
- Etwa 60 % der Aufrufe eines Videokünstlers werden außerhalb des Heimatlandes generiert.
- *YouTube* gibt es in 75 Ländern und 61 Sprachen.
- Die Hälfte der Aufrufe werden über Mobilgeräte generiert.
- Der über Mobilgeräte generierte Umsatz steigt auf *YouTube* pro Jahr um über 100 %.

Vor diesem Hintergrund ist die Integration von *YouTube* als Marketing-Kanal in das eigene Online-Marketing-Konzept unerlässlich und zwingend geboten! Mittels *YouTube* haben Sie und Ihr Unternehmen die Möglichkeit, Kontakt mit Ihren Zielgruppen aufzunehmen! Obgleich sich beim Marketing über soziale Netzwerke die Zielsetzungen nicht zu sehr von denen des klassischen Marketings unterscheiden, erfordert das Online-Marketing mit *YouTube* ein Umdenken wenn nicht gar einen Paradigmenwechsel: Die Aktivitäten der Marketingabteilungen können sich nicht mehr darauf beschränken, Werbung zu produzieren, geeignete Orte dafür zu finden und zu evaluieren, was entsprechende Platzierungen kosten! Stattdessen geht es vielmehr darum, durch relevante und qualitativ hochwertige Inhalte eine Beziehung zu entsprechenden Usern aufzubauen. Dies kann nur erreicht werden, wenn Sie Ihren Kunden interessante Inhalte, exklusive Informationen, Mitsprache bei Neuentwicklungen, spezielle Aktionen oder Ähnliches anbieten! Videos können aus den oben genannten Gründen hierbei der entscheidende Türöffner sein! Entscheidend ist, dass Sie einen regelmäßigen und sehr direkten Kommunikationskanal mit Ihren Kunden aufbauen.

Erfolgsfaktoren erfolgreicher Marketing-Videos

Zahlreiche Untersuchungen zeigen, dass Videos häufiger geteilt werden als Texte oder Bilder! Dieses Verhalten gilt aber nicht für konventionelle Werbespots oder Firmenporträts. Vielmehr sind es Videos, welche tiefere, interessante Einblicke in Unternehmen und für den Nutzer relevante weitergehende Themengebiete gewähren, ihn zu einem Dialog auffordern oder spannende und attraktive Aktionen zum Inhalt haben.

Wie bereits im vorangegangenen Abschnitt umrissen, dürfen Sie *YouTube* daher nicht einfach als weitere Plattform ansehen, auf der Sie Ihre Werbevideos einstellen können! Hüten Sie sich deshalb davor, einfach Werbe-Videos

auf *YouTube* einzustellen. Produzieren Sie stattdessen Videobotschaften, die –
im Gegensatz zu TV-Spots – vielmehr im Rahmen von *Content-Marketing* die
„Geschichte hinter der Geschichte" erzählen oder andere für die Nutzer relevante
Inhalte aufbereiten und dadurch einen anderen Blick auf Ihr Unternehmen und
dessen Angebote ermöglichen. Ein derartiges *Storytelling* erhöht die Wahrscheinlichkeit der viralen Verbreitung Ihrer Videos und Inhalte wesentlich.

> Nur mit zielgerichteten Videos, die nicht in erster Linie verkaufen wollen,
> sondern Interesse an Ihren Kunden und Zielgruppen zum Ausdruck brin-
> gen, die sie dazu animieren, mit Ihnen in einen Dialog einzutreten, können
> Sie erfolgreiches *YouTube-Marketing* betreiben!

Grundsätzlich empfehlen wir, im Rahmen der Planung und Produktion eines
jeden Marketing-Videos zunächst einmal folgende Frage zu stellen: Warum sollte
die anvisierte Zielgruppe sich speziell Ihr Video ansehen? Wenn Sie diese Frage
nicht konkret beantworten können, müssen Sie Ihr Konzept grundlegend überarbeiten. Im Rahmen der Überlegung, welche Art von Video für einen bestimmten Zweck am besten geeignet ist (in Kap. 6 werden wir noch ausführlich auf die
unterschiedlichen Produktionsarten und Typen von Online-Videos eingehen) sollten zunächst einmal die folgenden zentralen Erfolgsfaktoren für Online-Videos
erfüllt sein:

- Ihr Video muss von den Usern bzw. Zielgruppen gefunden werden.
- Das Video muss so interessant sein, dass es nicht nach kürzester Zeit wegge-
  klickt wird!
- Das Video muss ihre Marketing Botschaft zumindest implizit vermitteln.

Im Rahmen der folgenden Kapitel wollen wir Ihnen u. a. Aufzeigen, wie Sie
sicherstellen, dass Ihre Videos diese wichtigen Voraussetzungen für den Erfolg
erfüllen.

Das Wichtigste in Kürze

- *YouTube* stellt nicht mehr lediglich eine Plattform für Videos bzw. entsprechende Inhalte dar sondern hat sich zu einem essenziellen sozialen Netzwerk entwickelt.
- Ein soziales Netzwerk ist eine Social Media Plattform, welche es dem
  Nutzer erlaubt, neue Beziehungen zu Geschäftspartnern und/oder

Privatpersonen aufzubauen, Gleichgesinnte zu finden und mit diesen in Kontakt zu treten und zu bleiben.

- Ein eigener Unternehmenskanal auf *YouTube* und darauf publizierte Inhalte gibt Ihnen einen weitläufigen Zugang zu einer aktiven Nutzergruppe, wodurch Ihr Unternehmen, Ihre Dienstleistungen und Ihre Produkte auch automatisch im Internet schneller gefunden werden!
- Ein Backlink (deutsch: „Rückverweis") bezeichnet einen Link, der von einer anderen Website auf die eigene Internetpräsenz führt. Bei Suchmaschinen wie Google gelten die Anzahl und die Qualität solcher Verweise als Indiz für die Popularität bzw. Relevanz einer Website.
- Nutzen Sie die Möglichkeiten und das große Potenzial von *YouTube* als Marketing-Kanal, um eine Beziehung zu ihren Kunden aufzubauen und auszubauen!
- Produzieren Sie Videobotschaften, welche – im Gegensatz zu TV-Spots – vielmehr im Rahmen von Content-Marketing die „Geschichte hinter der Geschichte" erzählen oder andere für die Nutzer relevante Inhalte aufbereiten und dadurch einen anderen Blick auf Ihr Unternehmen und dessen Angebote ermöglichen.
- Nur mit zielgerichteten Videos, die nicht in erster Linie verkaufen wollen, sondern Interesse an Ihren Kunden und Zielgruppen zum Ausdruck bringen, die sie dazu animieren, mit Ihnen in einen Dialog einzutreten, können Sie erfolgreiches *YouTube-Marketing* betreiben!

Auf Los geht's los – Einführung in die YouTube-Welt

4

Die Geschichte von YouTube

YouTube wurde am 14. Februar 2005 von den drei ehemaligen *PayPal-Mitarbeitern Jawed Karim, Steve Chen* und *Chad Hurley* mit dem Ziel gegründet, schnell und unkompliziert den Upload und die Bereitstellung von Videoformaten zu ermöglichen – für jedermann und jederzeit.

Mit dem Namen *YouTube* (englisch für „du sendest") ging das Videoportal online, anfangs jedoch mit eher bescheidenem Erfolg. Laut Gründer *Jawed Karim* waren ein Monat nach dem Start lediglich 50–60 Videos auf *YouTube* erreichbar. Das allererste Video wurde von *Jawed Karim* gepostet und zeigt ihn vor dem Elefantengehege eines Zoos. Nichts deutete damals darauf hin, dass das Unternehmen nur kurze Zeit später am 9. Oktober 2006 für umgerechnet 1,31 Mrd. EUR von *Google* gekauft wurde. Das Unternehmen erkannte schon sehr früh das Potenzial von *YouTube*.

Wie auch die *Google-Suchfunktion* besticht das Videoportal *YouTube* durch Einfachheit.

Nachdem im Februar 2011 *YouTube* an alle anderen *Google-Dienste* gekoppelt wurde, erfolgte am 2. Dezember desselben Jahres der Launch eines komplett neuen Designs.

Im März 2012 schließlich erhielten alle *YouTube-Kanäle* ein einheitliches Design.

Heutzutage wächst die *YouTube-Nutzung* sowie die Verbreitung von entsprechenden Online-Videos explosionsartig. Ebenso wie *Google* bei den Suchmaschinen mehr als 90 % Marktanteil die unangefochtene Nummer eins ist, so genießt *YouTube* weltweit die mit Abstand größte Popularität unter allen Videoportalen.

© Springer-Verlag Berlin Heidelberg 2016
M.O. Opresnik und O. Yilmaz, *Die Geheimnisse erfolgreichen YouTube-Marketings*,
Geheimnisse des Erfolgs, DOI 10.1007/978-3-662-50317-1_4

Sind Sie Freiberufler, Unternehmer, Künstler, Mittelständler, Marketing-Verantwortlicher in einem Großunternehmen oder einfach nur an Online-Videos interessiert? Damit Ihr *YouTube-Auftritt* zum Erfolg wird und Ihre Videoinhalte gefunden werden, erhalten Sie in diesem Kapitel zunächst eine Einführung in alle wichtigen Grundfunktionen der *YouTube-Welt*.

Aufbau und Struktur von YouTube

Wie oben bereits angeführt setzt *YouTube* ebenso wie *Google* auf eine klare, übersichtliche und einfache Struktur. Durch diese Einfachheit in Bezug auf Design und Benutzung *(Usability)* ermöglicht *YouTube* seinen Nutzern einen unkomplizierten Einstieg in die Welt der Online-Videos.

Startseite: Um auf *YouTube* Videos anzusehen, reicht der Aufruf der *YouTube-Seite* über den PC (www.youtube.de) wie einem Smartphone oder Tablet. Wenn Sie zum ersten Mal diese Website aufgerufen haben, sehen Sie diese in ihrer „ursprünglichen" Form, da *YouTube* ja noch kein Profil von Ihnen erstellt hat und Ihnen daher in der Regel keine Videos je nach Interessensgebiet zuordnet. Dies ist mit dem klassischen Suchmaschinen-Marketing vergleichbar: Im Rahmen von Bannerwerbung beispielsweise bekommen Sie Artikel und Inhalte angezeigt, welche sich an Ihrem konkreten Klickverhalten orientieren. Haben Sie zum Beispiel in einem Online-Shop nach Smartphones gesucht, werden Ihnen passend dazu Werbeanzeigen auf anderen Websites angezeigt. *YouTube* bedient sich des gleichen Prinzips: Wenn die zweitgrößte Suchmaschine der Welt merkt, dass Sie sich eher für Videos über Segelsport interessieren, bekommen Sie zukünftig solche Inhalte bevorzugt angezeigt.

Die *YouTube-Website* lässt sich in vier zentrale Abschnitte unterteilen. Der Abb. 1 können Sie anhand der entsprechenden Zahlen entnehmen, welche Abschnitte dabei von zentraler Bedeutung sind:

- 1: Beliebteste Videos
- 2: Anmeldefeld
- 3: Angesagte Videos mit großem Vorschaubild
- 4: Suchfeld

YouTube-Suchergebnisseiten: Obgleich die Startseite für viele *YouTube-Besucher* einen guten Einstieg darstellt, da hier beliebte Videos angezeigt werden, ist die starke Popularität des Videoportals vielmehr auf die Suchfunktion zurückzuführen. Dabei gilt, dass Sie von jeder Seite aus einen Suchbegriff eingeben können – das

Abb. 1 Die Struktur der *YouTube-Website*. (Quelle: https://www.youtube.com/, Zugegriffen: 14.05.2015)

entsprechende Feld befindet sich immer im oberen Drittel der Seite rechts neben dem *YouTube-Logo*. Wenn Sie beispielsweise nach „Logistikunternehmen" suchen und den Begriff in das entsprechende Suchfeld eingeben zeigt Ihnen *YouTube* die entsprechenden Ergebnisse unterhalb der Suchleiste an. Dabei verändert sich die linke Spalte, welche unterhalb des Logos steht, nicht. Die Suchergebnisse in Form von Videos und auch Kanälen werden dabei rechts von der fixen Spalte mit einem kleinen Vorschaubild, dem so genannten *Thumbnail* (englisch für „Daumennagel"), und einer Kurzbeschreibung, bestehend aus Videotitel, Video-Beschreibung und einigen Daten zum Video selbst (beispielsweise Kanalname, Veröffentlichungsdatum und Seitenaufrufe) präsentiert.

Innerhalb von Sekundenbruchteilen erhalten Sie alle Informationen, welche Sie benötigen, um die Relevanz der Suchergebnisse einzuschätzen.

Account anlegen und bei YouTube anmelden

Die volle Funktionsvielfalt von *YouTube* erhalten Sie erst, wenn Sie sich kostenlos angemeldet haben, denn erst nach erfolgreicher Registrierung können Sie beispielsweise eigene Videos hochladen und Playlists anlegen.

Der Weg zu einem eigenen Account und Unternehmenskanal ist für Sie denkbar einfach: Direkt auf der Startseite finden Sie den besagten Anmelde-Button, um sich zu registrieren. Anschließend besteht die Wahl zwischen der Erstellung eines komplett neuen *Google-Kontos* oder – falls vorhanden – der Verknüpfung mit einem bereits existierenden Konto. Sofern Sie bereits einen Dienst von *Google* nutzen (beispielsweise *GoogleMail* oder *Google+*), können Sie sich mit Ihren *Google-Konto-Anmeldedaten* unkompliziert anmelden. Wenn Sie noch keinen *Google-Dienst* nutzen bzw. *YouTube* losgelöst von anderen *Google-Konten* gebrauchen möchten, legen Sie ein neues Konto an, indem Sie nach dem Anmelde-Button auf „Konto erstellen" klicken. Nachdem Sie alle Angaben ordnungsgemäß ausgefüllt und auf „Absenden" gedrückt haben, sind Sie offizieller Besitzer eines *Google-Kontos*.

Loggen Sie sich nun das erste Mal mit Ihrer entsprechenden E-Mail-Adresse bei *YouTube* ein, befindet sich im oberen Bereich Ihr Username. Mit einem Klick darauf öffnet sich Ihr Konto-Menü, in welchen Sie verschiedene Einstellungen vornehmen können.

Um den Grundstein für erfolgreiches online Marketing mit YouTube zulegen, ist zunächst einmal der Punkt „Mein Kanal" entscheidend, da sich hier ein Unternehmensnamen wählen können. Dies ist von herausragender Bedeutung.

Namen sind nicht nur Schall und Rauch – wählen Sie den richtigen Kanalnamen aus

Ein aussagekräftiger Name für Ihren Unternehmenskanal ist eines der wichtigsten Elemente, welches Sie beim Aufbau beachten müssen. Sie müssen diesbezüglich folgende Entscheidung treffen: Soll Ihr *YouTube-Kanal* Ihrem *Google-Anmeldenamen* entsprechen, welcher in Ihren Profileinstellungen von *Google+* hinterlegt ist und auch dort nachträglich geändert werden kann? Oder bevorzugen Sie einen frei wählbaren Kanalnamen? Sie sollten bei dieser Entscheidung berücksichtigen, dass Ihr *YouTube-Kanalname* auch in den *Google-Suchergebnissen* auftauchen wird.

Beachten Sie die goldene Regel hinsichtlich des Namens Ihres *YouTube-Kanals:* Wählen Sie einen Namen, der auch jedem verständlich ist! In Abhängigkeit Ihrer Zielgruppe sollten Sie auch über einen international einsetzbaren Namen nachdenken!

Wenn Sie das Ziel verfolgen, mit dem Kanal Ihr Unternehmen, Produkte oder Dienstleistungen bekannt zu machen, sollten Sie einen eigenen Kanalnamen vergeben. In der Regel wird der Name wohl der Ihres Unternehmens sein. Freiberufler sollten darüber nachdenken, ob sie sich mit dem Profil ihres eigenen Namens darstellen wollen oder doch vielleicht ihre Internet-Domain oder einen anderen Namen wählen, der zu ihren geplanten Videos passt.

Nach dem Anlegen Ihres Kanalnamens sollten Sie auch direkt eine so genannte Vanity-URL festlegen. Sie sorgt dafür, dass ihr Kanal unter einer selbstbestimmten URL aufrufbar wird, zum Beispiel https://www.youtube.com/c/MarcOliverOpresnik.

Bitte beachten Sie, dass Sie zwar in den meisten Fällen die Entscheidung, wie Ihr *YouTube-Kanal* heißt, kurze Zeit später umändern können, dies jedoch immer mit einigen Umstellungen in den *Google-Konten* verbunden ist. Nachdem Sie die Kanal-URL festgelegt haben, ist diese fix und bleibt – auch wenn Sie Ihren Kanalnamen ändern – immer bestehen.

Vor diesem Hintergrund sollten Sie Ihren Kanalnamen sorgfältig auswählen!

Eine Frage der Einstellung – YouTube-Kontoeinstellungen, welche Sie kennen sollten

Um *Google* zu zeigen, dass ein Kanal auf *YouTube* Ihnen gehört, sollten Sie Ihren Kanal verifizieren. Über den Navigationspfad „Kanal – Status und Funktionen" können Sie Ihrem Kontostatus einsehen. Nachdem Sie Ihren Kanal frisch angelegt haben, können Sie ihn hier bestätigen lassen. Durch einen Sprachanruf oder eine SMS erhalten Sie einen Beschädigungscode, welcher weitere Funktionen in Ihrem Kanal freischaltet. Wenn dies erfolgt ist, erscheint in Ihrem *YouTube-Account* nach einer erfolgreichen Verifizierung der Status „überprüft".

In einem verifizierten *YouTube-Kanal* lassen sich beispielsweise Videos hochladen, die länger als 15 min sind, auch Links auf externe Webseiten, Miniaturansichten und Live-Streams lassen sich aktivieren.

Verifizieren Sie Ihren Kanal und bestätigen Sie damit die Inhaberschaft. Auf diese Weise schalten Sie weitere Funktionen für Ihr Videomarketing frei.

Nach der Auswahl eines prägnanten Namens sowie der Verifizierung Ihres Kanals sollten Sie nun einen *Profiltext* erstellen, welcher Ihren Usern verrät, worum es sich bei Ihrem *YouTube-Kanal* handelt.

Um diese Angaben über den Unternehmenskanal bereitzustellen, rufen Sie Ihren Kanal auf und wählen Sie das Menü „*Kanalinfo*". In dieser Rubrik können Sie zunächst einmal einen aussagekräftigen Vorstellungstext schreiben. Dies empfiehlt sich, um Ihren Usern mitzuteilen, wer Sie eigentlich sind und was Sie in Ihrem *YouTube-Kanal* zeigen wollen. Erklären Sie den Mehrwert Ihres Kanals für die User, und weisen Sie an dieser Stelle gegebenenfalls auch auf entsprechende Upload-Zeiten für den Fall hin, dass Sie regelmäßig Uploads einer Serie von Videos auf Ihren Kanal vornehmen. Auch Hintergründe zu Ihnen selbst oder Ihrem Unternehmen (Ansprechpartner, Kontaktdaten etc.) können Usern einen nützlichen Mehrwert liefern.

Wie auch bei der klassischen Suchmaschinenoptimierung ist es diesbezüglich wichtig, relevante Suchbegriffe zu verwenden, ohne jedoch eine wahllose Aneinanderreihung von entsprechenden Keywords vorzunehmen.

Achten Sie darauf, das Wichtigste über Ihren Unternehmenskanal gleich zu Beginn zu schreiben. Nicht nur, dass Sie Ihre User damit thematisch abholen: Die ersten Wörter der Kanalbeschreibung erscheinen am häufigsten auf der *YouTube-Website* und sind für die Auffindbarkeit Ihres Kanals von entscheidender Bedeutung!

In dieser Rubrik befindet sich auch einer der bedeutendsten Bereiche Ihres *YouTube-Kanals,* da es sich neben dem Beschreibungsfeld im jeweiligen Video um die einzige Stelle handelt, in welcher Sie eine *Verlinkung* zu Ihrer Website positionieren können. An dieser Stelle können Sie neben einer E-Mail-Adresse für geschäftliche Anfragen maximal vierzehn benutzerdefinierte Links angeben werden von denen maximal fünf auch im Kanalbild eingeblendet werden. Ein Link auf Ihre Unternehmenspräsenz sollte auf jeden Fall erstellt werden, ebenso wie Verweise auf Social Media Kanäle wie *Facebook, Twitter* oder *Instagram.*

Für den Besucher Ihres Kanals stellt der Hinweis auf eine Website, einen Block oder diverse soziale Netzwerke ein wichtiges Zusatzangebot dar. Wenn ein User beispielsweise eine Frage zu einem veröffentlichten Video hat oder weitere Informationen über eine Dienstleistung einholen möchte, gelangt er mit nur einem Klick auf Ihre entsprechende Website. Auf diese Weise kann das Einbinden von Links zu einer Steigerung der Aufmerksamkeit führen – und ist deswegen ein positiver Effekt, welchen Sie auf jeden Fall berücksichtigen sollten.

Darüber hinaus stellen Verlinkungen von externen Websites ein wichtiges Wertungskriterium für Suchmaschinen dar, da sie als Empfehlung für hochwertige Inhalte angesehen werden. Wenn in diesem Kontext zum Beispiel verschiedene Internetquellen auf eine Webseite verweisen, ist dies für *Google* ein Indiz dafür, dass die Texte, Bilder und Videos auf dieser Website besonders relevant für eine spezifische Zielgruppe sind.

Nach Erstellung Ihres Kanals, der entsprechenden Verifizierung und der Verfassung einer ansprechenden Kanalbeschreibung inklusive der entsprechenden Verlinkungen, sollten Sie sich Zeit nehmen, um auch die restlichen *Einstellungen* Ihres *YouTube-Kontos* zu überprüfen. Klicken Sie hierzu auf den oben rechts in der Kopfzeile platzierten Button und wählen Sie durch Klick auf das Zahnrad den Punkt *„YouTube-Einstellungen"* aus. Nun sehen Sie das YouTube-Kontoeinstellungsmenü in der Übersicht. In dieser Übersicht der Kontoeinstellungen können Sie grundlegende Basisinformationen einsehen sowie ändern.

In den Kontoeinstellungen sollten Sie neben der Kontoübersicht nachstehende Menüpunkte ansehen und entsprechend Ihrer Wünsche konfigurieren:

- *Verbundene Konten:* Hier können Sie Ihren Kanal mit *Facebook* und *Twitter* koppeln und festlegen, dass neue Uploads automatisch auch in den verbundenen Konten veröffentlicht werden.

Da *YouTube* im weiteren Sinne zu den sozialen Netzwerken gezählt werden kann und das Teilen, Verbreiten und Empfehlen von Inhalten dadurch signifikant gesteigert wird, sollten Sie auf jeden Fall mindestens ein soziales Netzwerk mit Ihrem *YouTube-Kanal* verknüpfen. Auf diese Weise können Sie Ihre Social Media Aktivitäten miteinander koppeln und Ihre Videos schneller verbreiten.

- *Datenschutz:* Hier steuern Sie, ob andere YouTube-Nutzer sehen können, welche Videos sie bewerten welche Kanäle Sie abonniert haben.
- *Benachrichtigung:* Unter diesem Menüpunkt bestimmen Sie, in welchen Fällen *YouTube* Ihnen E-Mails zusenden darf, beispielsweise sobald Videos von Ihnen kommentiert werden.
- *Wiedergabe:* An dieser Stelle können Sie unter anderem festlegen, in welcher Wiedergabequalität die einzelnen Videos ansehen möchten.
- *Verbundene Fernseher:* Hier können Sie Ihr Fernsehgerät oder Ihre Spielekonsole mit Ihrem *YouTube-Kanal* koppeln.

Spieglein Spieglein – geben Sie sich ein Gesicht auf YouTube und gestalten Sie ein optimales Titelbild

Das so genannte *Kanalbild* ist das Aushängeschild Ihres *YouTube-Auftritts* und als solches von herausragender Bedeutung. Kanalbilder können verwendet werden, um die Identität Ihres Kanals zu prägen und Ihrer Kanalseite einen eigenen Look zu verpassen beziehungsweise an Ihr Corporate Design anzupassen. Diese Kanalbilder werden auf allen Devices verwendet, auf denen Nutzer Ihren Kanal aufrufen können (TV-Gerät, Mobiltelefon, Tablet usw.).

Da an dieses Kanalbild Anforderungen gestellt werden, welche mit den hochauflösenden Retinadisplays oder Fernsehbildschirmen in Zusammenhang stehen, ist es wichtig, das Kanalbild in einer sehr guten Qualität zu liefern. *YouTube* selbst empfiehlt in den Richtlinien für Kanalbilder 2560 × 1440 Pixel, um optimale Ergebnisse zu erreichen. Dank dem so genannten *„Responsive Design"* stellt *YouTube* sicher, dass sie Kanalbild auf Fernsehgeräten, Smartphones und Desktopcomputern im jeweils passenden Format angezeigt wird. Hierzu passen sich Layout und Gestaltung Ihrer *YouTube-Startseite* den unterschiedlichen Displayformaten der Geräte an. Je nach Typ wird dabei ein anderer Ausschnitt sichtbar.

Stellen Sie neben dem Kundennutzen (vergleichen Sie hierzu die Ausführungen weiter unten im Abschnitt „Bieten Sie Ihren Kunden einen Mehrwert") Ihre Leistung bzw. Ihre Marke in den Vordergrund! Verleihen Sie Ihrem *YouTube-Kanal* einen individuellen Gesamtlook, welcher Ihr Corporate Design aufgreift. In diesem Kontext kann das hervorheben von Informationen und Details – beispielsweise der Hinweis auf eine zeitlich befristete Verlosungsaktion – die Aufmerksamkeit bei Ihrem Publikum signifikant erhöhen!

In Abhängigkeit von Ihrem Corporate Design und Ihren Vorstellungen – beispielsweise wenn Sie zusätzlich Text in Ihrem Kanalbild integriert haben möchten – müssen Sie unter Umständen etwas experimentieren, um die richtige Größe zu finden, so dass das Bild idealerweise leicht veränderbar sein sollte.

Tipps für Ihren Erfolg

- Achten Sie darauf, die Darstellung Ihres Kanals auf unterschiedlichen Gerätetypen zu prüfen.
- Vergleichen Sie den Aufbau und dass Design Ihrer Kanal-Startseite beim Aufruf über Desktop-PC, Tablet-PC, Smartphone und auch über Ihr Fernsehgerät.

- Stellen Sie sicher, dass ihre zentralen Aussagen in allen Darstellungsweise und im gut vermittelt werden.

Nach diesen Überlegungen sollten Sie so weit sein, ein passendes Bild hinzu zu fügen, indem Sie auf „Kanalbilder hinzufügen" klicken. Daraufhin haben Sie drei Auswahlmöglichkeiten:

- *1. Fotos hochladen:* Wählen Sie diese Option, um Bilddateien von Ihrem Computer oder einem Speichermedium auszuwählen.
- 2. *Meine Fotos:* Klicken Sie auf diesen Bereich, wenn Sie bereits veröffentlichte Bilder aus Ihrem Google+-Profil ebenfalls für den *YouTube-Kanal* verwenden möchten.
- *3. Galerie:* Mit dieser Funktion können Sie zwischen verschiedenen Vorlagen auswählen. Diese Option ist nur dann zu wählen, wenn Sie wirklich noch keine eigene Bildvorlage haben, da der *YouTube-User* sieht, dass Sie die Standardlösung gewählt haben.

Bei allen Auswahlmöglichkeiten müssen die oben genannten Mindestanforderungen in Bezug auf die Pixelanzahl erfüllt werden, damit das Kanalbild akzeptiert wird. Andernfalls erhalten Sie eine Fehlermeldung.

Nachdem der Upload des Kanalbildes erfolgreich abgeschossen wurde, können Sie auswählen, wie die Grafik auf Desktops, auf Mobilgeräten (Tablet, Smartphone etc.) oder auf dem Fernseher angezeigt wird.

Wenn Sie das Kanalbild optimal eingerichtet haben, fehlt im Header nur noch das *Profilbild* bzw. das *Kanalsymbol*. Achten Sie auch hier auf gute Lesbarkeit und vermeiden Sie kleine Schriften und Elemente, denn Ihr Kanalsymbol wird auf *YouTube* sehr prominent auf Ihrer Kanalstartseite, neben Ihren Kommentaren unter fremden Videos und auf Wunsch auch als Wasserzeichen in Ihren Videos angezeigt. Je nach Größe Ihrer Firma können Sie entscheiden, ob Sie hierfür das Logo Ihres Unternehmens verwenden oder vielleicht eher ein Porträt von Ihnen oder einem bekannten Produkt, welches Sie produzieren.

In der Regel werden sich User, welche auf Ihre Kanalseite geleitet werden, zunächst einmal nur die erste Seite ansehen. Aus diesem Grunde sollten Sie besondere Mühe darauf verwenden, diese optimal zu gestalten! Der Platz unter dem Kanal wild ist für einen *Trailer,* also einem kurzen Film, reserviert. Dabei können Sie auswählen, welcher Trailer für wiederkehrende Abonnenten und welcher Trailer für neue Besucher verwendet werden soll. Zusätzlich können Sie entsprechende Begleittexte zum Trailer anzeigen lassen.

Tipps für Ihren Erfolg

- Produzieren Sie ein Video speziell für den Einsatz als Trailer.
- Unterscheiden Sie dabei zwischen einem Kanal-Trailer für Nicht-Abonnenten und einem weiteren für Nutzer, welche Ihren Kanal bereits abonniert haben.
- Sprechen Sie neue potenzielle Abonnenten gezielt an und verdeutlichen Sie den Mehrwert Ihres Kanals.

Auf diese Weise können Sie gezielt alle „Nicht-Abonnenten", welche Ihren *You-Tube-Kanal* besuchen, mit einem entsprechenden Trailer begrüßen, welcher dem User seinen Zusatznutzen aufzeigt und ihn effektiv dazu animiert, Ihren Kanal zu abonnieren!

Setzen Sie die Kanal-Trailer-Funktion von *YouTube* für Ihre Zwecke zielführend ein. Auf diese Weise können Sie in kürzester Zeit neue Abonnenten gewinnen und hohe Interaktionsraten der neuen Zuschauer fördern.

Bieten Sie Ihren Kunden einen Mehrwert

Wie so oft Marketing gilt es auch im Rahmen von *YouTube* eine Differenzierung Ihres Produktes und mithin Ihres Kanals zu erreichen. Um sich von der Masse der *YouTube-Kanäle* zu differenzieren, sollten Sie das Design sowie den Aufbau Ihres Kanals so gut wie möglich planen. Dabei sollten der Nutzen und damit der Mehrwert Ihres Kanals für den Besucher und die Ziele, welche Sie mit Ihrem *YouTube-Engagement* verfolgen im Mittelpunkt aller Überlegungen stehen. Wenn Sie beispielsweise Ihre Nutzer vorwiegend auf Ihre Website lenken wollen, macht eine entsprechende Handlungsaufforderung im Rahmen der Videos selber Sinn. Wenn es von größerer Bedeutung für Sie ist, dass Ihre User nach der Betrachtung Ihrer Videos mit Ihnen Kontakt aufnehmen, dann sollten Sie Ihre Kontaktdaten entsprechend prominent in Ihre Filme integrieren.

Von entscheidender Bedeutung für die Differenzierung Ihres Kanals ist, dass Sie den *Zusatz*-Nutzen für Ihr Publikum überzeugend kommunizieren. Gleich ob Sie wie *LeFloid* mehrmals in der Woche Berichterstattungen hinsichtlich aktueller Ereignisse liefern, komplizierte Sachverhalte einfach darstellen oder Ihr

Publikum auf besondere Art und Weise unterhalten, sie sollten Ihr Alleinstellungsmerkmal stets klar herausstellen und veranschaulichen. Dies kann beispielsweise durch die Gestaltung Ihrer Kanalstartseite, Ihrer Kanalbeschreibung oder durch Anmerkungen und Hinweise in Ihren Videos erfolgen. Verdeutlichen Sie immer, welchen Mehrwert Ihre Filme und Ihr Kanal bieten und warum es sich lohnt, Ihre Filme anzusehen und Ihren Kanal zu abonnieren.

Beispiel

Im *YouTube-Kanal* der Drogeriemarktkette dm wird das Publikum zur Mitgestaltung animiert (vgl. Abb. 2). So können User bzw. Kunden in der Kategorie „mitgefragt?" Eigene Themenbereiche vorschlagen, welche für Sie interessant und relevant sind. Die Fragen mit den meisten Stimmen werden dann in Form von Videos von Mitarbeitern, Kollegen, Industriepartnern und Experten beantwortet. Darüber hinaus können sich Nutzer als Produkttester bewerben und in der Rubrik „Blogger testen" eigene Videos auf den Kanal stellen, in welchen sie persönliche Tipps vorstellen. Neben diesen Aktionen bietet das Unternehmen auch Videos an, welche einen Blick hinter die Kulissen werfen oder einfach Tipps zur persönlichen Pflege beinhalten.

Abb. 2 *YouTube-Kanal* von *dm*. (Quelle: https://www.youtube.com/user/dmdeutschland, Zugegriffen: 15.06.2015)

Das oben genannte Beispiel ist sehr gut geeignet, zu zeigen, dass *YouTube* nicht lediglich als „Aufbewahrungsort" für einzelne Videos genutzt werden sollte, sondern vielmehr geeignet ist, strategische Kampagnen auf den Kanalseiten durchzuführen. Bezeichnenderweise stehen auch nicht die Produkte der Drogeriemarktkette im Fokus der Videos, sondern vielmehr weitergehende und für die Nutzer relevante Inhalte: In diesem Sinne verzeichnet das Video „dm erklärt: Vegetarier & Veganer – Was bedeutet es, sich vegetarisch und vegan zu ernähren?" mit annähernd ½ Mio. Aufrufen die mit Abstand höchsten Klickraten. In diesem Film werden auch nicht entsprechende Produkte aus dem Sortiment beworben, sondern lediglich ein produktunabhängiger Inhalt dargestellt.

Vor diesem Hintergrund sollte sich jedes Unternehmen, welches effizientes und effektives Videomarketing mittels *YouTube* betreiben möchte, Gedanken über ein eigenes Konzept dieser Art machen, welches geeignet ist, Nutzer effektiv anzusprechen, zur Interaktion anzuregen und gleichfalls eine Differenzierung des Kanals ermöglicht. Mit der zunehmenden Bedeutung von *YouTube* für das Marketing im Allgemeinen werden die Kanalseiten immer mehr zu Aushängeschildern von Unternehmen, vergleichbar mit *Facebook* und anderen Social Media Plattformen.

Gehen Sie daher vor Beginn der weiteren Gestaltung Ihres Kanals folgende Fragen durch, um sicherzustellen bzw. zu überprüfen, dass Ihre User Ihren Kanal finden bzw. präferieren:

- Warum sollte ein User Ihren Kanal abonnieren?
- Was macht Ihre Videos besonders?
- Inwiefern unterscheiden sich Ihre Videos von anderen Filmen ähnlichen Inhalts auf *YouTube?*
- Wollen Sie regelmäßig Videos veröffentlichen?
- Welchen konkreten Zusatznutzen bieten sie Ihrem Publikum?
- Ist der Zusatznutzen, welchen Sie Ihren Usern bieten, für diese relevant?

Legen Sie den Aufbau Ihrer Startseite fest

Die Elemente auf Ihrer Kanal-Startseite, welche als *Kanal-Bereiche* oder auch *Kanal-Abschnitte* bezeichnet und unterhalb Ihres Kanal-Bildes angezeigt werden, sind ein wichtiges Gestaltungselement für Ihre *YouTube-Präsenz*.

Als Standardeinsicht eines neuen Kanals ist Ihr sogenannter *„YouTube-Feed"* automatisch voreingestellt. Abhängig von Ihren *YouTube-Einstellungen* zeigt er die neuesten Videos Ihres Kanals, Ihre neuesten Abonnements, Kommentare und Ihre weiteren Aktionen auf *YouTube* an.

Aktivieren Sie für Ihre Startseite den Tab namens „Übersicht". Klicken Sie hierzu unterhalb Ihres Kanalbildes auf das Stiftsymbol, wählen Sie anschließend „Kanalnavigation" aus und aktivieren Sie abschließend die Übersicht für Ihren Kanal.

Nachdem dies erfolgt ist, können alle Elemente Ihrer Kanal-Startseite individuell gestalten bzw. anpassen, indem Sie auf Ihrer Kanalseite im unteren Bereich den Button „Abschnitt hinzufügen" auswählen. Auf diese Weise können Sie verschiedene Inhalte wie beispielsweise „gepostete Videos", „gespeicherte Playlists" oder „letzte Aktivitäten" auswählen und damit in Ihre Startseite aufnehmen. Hinsichtlich des Layouts können Sie dann noch spezifizieren, ob Sie lieber eine Darstellung als „horizontale Zeile" oder als „vertikale Liste" bevorzugen.

Wenn Sie im Anschluss daran auf ein ausgewähltes Segment wie beispielsweise eine Playlist zeigen, können Sie anhand von Pfeilen auch festlegen, welche Inhalte in welcher Reihenfolge auf Ihrer Startseite gezeigt werden sollen!

Auf diese Weise ist es Ihnen natürlich auch möglich, die von *YouTube* standardmäßig voreingestellten Elemente in eine andere Reihenfolge zu bringen bzw. auch zu entfernen, indem Sie zunächst auf das Stiftsymbol klicken und anschließend den Button mit dem Papierkorb auswählen.

Beachten Sie, dass Ihr Kanal stets Ihre definierte Zielgruppe ansprechen und für diese einen eindeutigen Zusatznutzen bieten muss. Dies impliziert, dass Sie Ihren Nutzern auf Ihrer Startseite die Inhalte präsentieren, welche ihr Interesse wecken. Je klarer Sie Ihre Inhalte strukturieren, desto zielgerichteter können Sie Ihr Publikum ansprechen.

Nutzen Sie auf diese Weise die Möglichkeit, auf Ihrer Kanal-Startseite unterschiedliche Kanal-Bereiche zu präsentieren, um Ihre Videos für User gut sortiert anzuzeigen und klar zu kommunizieren, in welcher Richtung Sie sich auf *You-Tube* engagieren.

In diesem Sinne können Sie mit der Anzeige von Playlisten Ihren Zuschauern eine geordnete und strukturierte Video-Sortierung auf der Startseite Ihres Kanals anbieten. Sofern Sie bereits einige Videos produziert und in Playlisten sortiert haben (vergleichen Sie hierzu auch die Ausführungen im fünften Kapitel weiter unten), können Sie diese Playlisten auf Ihrer Startseite anzeigen lassen. Es bietet sich in diesem Zusammenhang an Ihre Videos in Playlists nach Themen getrennt anzeigen zu lassen, um es Ihrem Publikum zu ermöglichen, die Inhalte Ihrer Videos schnell zu erfassen und leicht zu den gewünschten Videos zu navigieren.

Durch den prominenten Einsatz von aktuellen und relevanten Videos können Sie Klickzahlen Ihrer Startseite stärken und dafür sorgen, dass User viele Ihrer Videos ansehen.

Sie können auch ausgewählte sehr gute Videos anderer *YouTuber* hinsichtlich eines spezifischen Themas in Playlists zusammenstellen und auf diese Weise zeigen, dass sich selbst bei hochwertigen Quellen entsprechend informieren.

Übertreiben Sie es an dieser Stelle aber nicht, und vermeiden Sie eine Überfrachtung Ihrer Startseite mit allzu vielen Kanal-Bereichen, da dies zu einer Überforderung Ihrer User führen könnte. Ideal sind ca. 5–7 unterschiedliche Bereiche.

Kurs halten – so legen Sie eine optimale Kanalnavigation und Unterseiten an

Ihr neu angelegter YouTube-Kanal besitzt standardmäßig sechs festgelegte *Navigations-Tabs:* „Übersicht", „Videos", „Playlists", „Kanäle", „Diskussion" und „Kanalinfo".

Wie bei den oben beschriebenen Kanal-Bereichen sollten Sie auch bei den Navigations-Tabs darauf achten, die entsprechenden Inhalte exakt auf Ihre Zielgruppen und Ihre Zielsetzung hin auszurichten.

Nachfolgend geben wir Ihnen einen kurzen Überblick darüber, was sich hinter diesen „Unterseiten" bzw. „Tabs" verbirgt, und was Sie bei deren individueller Gestaltung beachten sollten:

- *Übersicht:* Die Übersichtsseite ist die Startseite Ihres Kanals, über deren Inhalt und Gestaltung in den vorangegangenen Abschnitten schon entsprechende Hinweise erfolgt sind: Hier sollten Sie einen Überblick über Ihre Videos geben, Abonnenten und Nicht-Abonnenten mit einem speziellen Kanal-Trailer ansprechen und Ihre wichtigsten Videos mittels Playlists strukturieren und hervorheben.

- *Videos:* Diese Unterseite zeigt alle Kanal hoch geladenen Videos an. Diese können sortiert werden nach Maßgabe der Beliebtheit oder anhand des Hochladedatums. Stellen Sie an dieser Stelle sicher, dass sich Ihr Publikum einen geordneten Überblick über Ihre Filme verschaffen kann, indem Sie aussagekräftige Video-Titel wählen und zusammenhängende Videos entsprechend strukturieren. Bieten Sie beispielsweise mehrere Folgen zu einem bestimmten Thema an, sollte auch das aus dem Videotitel hervorgehen. Sie können auch durch einen einheitlichen Stil bei den Video-Vorschaubildern (den sogenannten *Thumbnails*) eine optische Ordnung durch einen entsprechenden Stil herbeiführen. Setzen Sie hierzu Elemente der Wiedererkennung wie beispielsweise Farbe und Branding entsprechend ein.
- *Playlists:* An dieser Stelle werden alle von Ihnen erstellten Playlists angezeigt. Hier können Sie auch neue Listen anlegen und Ihre Videos auf diese Art und Weise thematisch strukturieren.
- *Kanäle:* Auf dieser Unterseite sind alle Ihre abonnierten Kanäle aufgelistet. Hier können Sie die jeweiligen Abos per Klick auch wieder beenden und auswählen, ob Ihre abonnierten Kanäle für andere *YouTube-Nutzer* sichtbar und damit öffentlich sind, oder ob sie diese als privat kennzeichnen möchten.
- *Diskussion:* Mit dieser Unterseite ermöglichen Sie Kommentare zu Ihrem Kanal. Damit stellt diese Seite eine Art Pinnwand für Ihren Kanal dar, auf welcher jeder ein Statement hinterlassen kann. Sie können in den Einstellungen zur Kanalnavigation selbst entscheiden, ob Sie Ihren Zuschauern und Besuchern diese Funktion anbieten möchten oder nicht. Vor dem Hintergrund der Charakterisierung von *YouTube* als soziales Netzwerk sollten Sie den Tab in Ihrem Kanal auf jeden Fall aktivieren, um Transparenz und Glaubwürdigkeit zu signalisieren. Auf diese Weise fließen an dieser Stelle alle Kanal-Kommentare ein. Achten Sie aus diesem Grunde darauf, diese Seite regelmäßig zu pflegen, indem Sie die entsprechenden Kommentare lesen und auch beantworten. Bei Kommentaren, welche Spam darstellen, haben Sie die Möglichkeit, den Kommentar entsprechend zu melden, zu entfernen oder den Nutzer für zukünftige Kommentare zu sperren. Sie sollten an dieser Stelle jedoch genau überlegen, bevor Sie einen Kommentar löschen lassen, welcher negative Kritik enthält. Die Reaktionen des Nutzers sind diesbezüglich nicht zu unterschätzen, denn er kann dies unter Umständen als Einschränkung seines Rechts der freien Meinungsäußerung verstehen. Es ist empfehlenswert, nur Kommentare zuzulassen, welche Sie vorher freigegeben haben. Diese Funktion können Sie entsprechend in den Kanaleinstellungen konfigurieren.
- *Kanalinfo:* Der letzte Navigations-Tab ermöglicht Ihnen, wie oben bereits aufgezeigt (vergleichen Sie hierzu bitte die entsprechenden Ausführungen im

Abschnitt „Eine Frage der Einstellung – *YouTube-Kontoeinstellungen,* welche Sie kennen sollten"), eine Beschreibung Ihres *YouTube-Kanals* zu hinterlegen sowie weitere Links zu Websites und anderen sozialen Profilen anzuzeigen.

Gesucht und gefunden – reichern Sie Ihren Kanal mit Stichwörtern an

Wenn Sie Ihrem Kanal Stichworte zuordnen, helfen Sie *YouTube* und mithin auch *Google* dabei, zu verstehen, für welche Themen und Suchabfragen Ihr Kanal relevant ist. Damit sind diese Suchbegriffe bzw. Stichwörter für Ihren Kanal und die Auffindbarkeit Ihres entsprechenden *YouTube-Profils* von entscheidender Bedeutung. Zu dem entsprechenden Eingabefeld für Suchbegriffe gelangen Sie über das Kanal-Einstellungsmenü.

Um die passenden Stichworte für Ihren Kanal zu finden, sollten Sie sich fragen, was ein für Sie relevanter User in eine Suchmaschine wie *Google* bzw. in der *YouTube-Suchleiste* eingibt.

> Versetzen Sie sich in die Lage des Users, welche Ihren Kanal finden soll. Wonach sucht er? Diese Stichworte sollten Sie entsprechend Ihrem Kanal zuordnen.

Denken Sie daran, stets mehrere Schreibweisen wie beispielsweise Plural-/Singularformen, Zusammen-/Getrenntschreibung und auch englische und deutsche Schreibweise einzusetzen. Trennen Sie alle Stichworte durch Kommas voneinander ab und bestätigen Sie Ihre Eingaben, indem Sie „speichern" wählen.

Das Wichtigste in Kürze

- Beachten Sie die goldene Regel hinsichtlich des Namens Ihres *YouTube-Kanals:* Wählen Sie einen Namen, welcher auch jedem verständlich ist! In Abhängigkeit Ihrer Zielgruppe sollten Sie auch über einen international einsetzbaren Namen nachdenken!
- Verifizieren Sie Ihren Kanal und bestätigen Sie damit die Inhaberschaft. Auf diese Weise schalten Sie weitere Funktionen für Ihr Videomarketing frei.
- Achten Sie darauf, das Wichtigste über Ihren Unternehmenskanal gleich zu Beginn zu schreiben. Nicht nur, dass Sie Ihre User damit thematisch

abholen: Die ersten Wörter der Kanalbeschreibung erscheinen am häufigsten auf der *YouTube-Website* und sind für die Auffindbarkeit Ihres Kanals
von entscheidender Bedeutung!

- Da *YouTube* im weiteren Sinne zu den sozialen Netzwerken gezählt werden
  kann und das Teilen, Verbreiten und Empfehlen von Inhalten dadurch signifikant gesteigert wird, sollten Sie auf jeden Fall mindestens ein soziales
  Netzwerk mit Ihrem *YouTube-Kanal* verknüpfen. Auf diese Weise können
  Sie Ihre Social Media Aktivitäten miteinander koppeln und Ihre Videos
  schneller verbreiten.
- Setzen Sie die Kanal-Trailer-Funktion von *YouTube* für Ihre Zwecke zielführend ein. Auf diese Weise können Sie in kürzester Zeit neue Abonnenten
  gewinnen und hohe Interaktionsraten der neuen Zuschauer fördern.
- Aktivieren Sie für Ihre Startseite den Tab namens „Übersicht". Klicken
  Sie hierzu unterhalb Ihres Kanalbildes auf das Stiftsymbol, wählen Sie
  anschließend „Kanalnavigation" aus und aktivieren Sie abschließend die
  Übersicht für Ihren Kanal.
- Beachten Sie, dass Ihr Kanal stets Ihre definierte Zielgruppe ansprechen
  und für diese einen eindeutigen Zusatznutzen bieten muss. Dies impliziert,
  dass Sie Ihren Nutzern auf Ihrer Startseite die Inhalte präsentieren, welche
  ihr Interesse wecken. Je klarer Sie Ihre Inhalte strukturieren, desto zielgerichteter können Sie Ihr Publikum ansprechen.
- Durch den prominenten Einsatz von aktuellen und relevanten Videos können Sie Klickzahlen Ihrer Startseite stärken und dafür sorgen, dass User
  viele Ihrer Videos ansehen.
- Versetzen Sie sich in die Lage des Users, welche Ihren Kanal finden soll.
  Wonach sucht er? Diese Stichworte sollten Sie entsprechend Ihrem Kanal
  zuordnen.

Content is King – geeignete Themen finden

5

Nach Maßgabe des oben bereits dargestellten „Zero-Moment-of-Truth" greift der durchschnittliche Konsument heute auf mehr als zehn Online-Inhalte zu, bevor er eine Kaufentscheidung trifft. Obgleich der Verbraucher in Zeiten des „Information Overload" mit Content nahezu überschwemmt wird, konsumiert er dennoch mehr und mehr davon. Dies gilt aber nicht für jeden x-beliebigen Content. Potenzielle Kunden und Konsumenten suchen hochwertigen, ansprechenden und für *sie* relevanten Content, um Entscheidungen zu treffen. Es gilt nämlich, dass die Tatsache alleine, das Unternehmen und Organisationen Inhalte veröffentlichen nicht gleichbedeutend damit ist, dass dieser Content auch für die entsprechenden Zielgruppen relevant, ansprechend und interessant ist. In mehr als 3,5 Mrd. Suchanfragen pro Tag recherchieren die Nutzer alleine mithilfe des Suchmaschinen-Marktführers Google nach relevantem Content und stoßen dabei leider immer wieder auf Kanäle und Websites, welche sich beim ersten Kontakt als Enttäuschung erweisen und ein schlechtes Licht auf die Reputation des Unternehmens werfen. Dies liegt vor allem daran, dass sich viele Unternehmen und Unternehmer darauf konzentrieren, ihre Produkte und Dienstleistungen bestmöglich zu kommunizieren! Der Fokus liegt dabei auf den Produkten und weniger auf der entsprechenden Zielgruppe und ihren Bedürfnissen!

> Um eine wirkliche Verbindung zum Verbraucher herzustellen, ist reine Produktwerbung heutzutage – über keinen Kanal – nicht einmal mehr annähernd genug. Stattdessen müssen Unternehmen sich selbst als erste kompetente Anlaufstelle für die Bedürfnisse, Anforderungen und Probleme ihrer Konsumenten positionieren und zwar über das reine Produkt, den Service und das Angebot hinaus!

© Springer-Verlag Berlin Heidelberg 2016
M.O. Opresnik und O. Yilmaz, *Die Geheimnisse erfolgreichen YouTube-Marketings*,
Geheimnisse des Erfolgs, DOI 10.1007/978-3-662-50317-1_5

Online-Marketing mittels *YouTube* kann dabei von jedem Unternehmen, jedem Kleinbetrieb und jedwedem Unternehmer genutzt werden, um entsprechende Zielgruppen mit relevanten und interessanten Inhalten anzusprechen und zu begeistern! Um spannende und relevante Themen zu finden, müssen Sie Ihre Innensicht verlassen und sich möglichst genau und detailliert in die Lebensumstände, die Nutzungssituationen und die Erwartungshaltungen Ihrer Zielgruppe hineinversetzen. Dabei können sie sowohl Online- als auch Offline-Quellen effizient und effektiv heranziehen, um entsprechend geeignete Themenfelder für ihre Ziele Gruppen und damit Ihre online Videos zu finden.

Ich hab's – Online- und Offline-Quellen zur Identifikation von geeigneten Themenfeldern

Zu Beginn sollten Sie sich im Rahmen der Ideenfindung zunächst folgende Fragen stellen, wenn Sie über potenziell geeignete Themen nachdenken:

- Versetzen Sie sich in die Lage Ihrer potenziellen Kunden und fragen Sie sich grundsätzlich, für welche Themenfelder diese sich im Rahmen eines Online-Videos interessieren würde!
- Wie können Sie den Kundennutzen und Mehrwert Ihrer Produkte und Dienstleistungen in Videos überzeugend und unterhaltend darstellen?
- Gibt es in Ihrer Branche und darüber hinaus interessante Zusammenhänge und Themen, welche Ihre Kunden interessieren würden?
- Können Sie zufriedene Kunden dazu bewegen, im Rahmen eines Videos zu erzählen, warum ihnen Ihr Produkt oder Ihre Dienstleistung genutzt hat?
- Welche Arten von Videos sind in Ihrer Branche zu finden, zum Beispiel bei Ihren Wettbewerbern?
- Aus welchen Beweggründen und auf welche Weise nehmen Ihre Kunden Kontakt zu Ihrem Unternehmen auf?

Nach entsprechend differenzierter Beantwortung dieser wichtigen Fragekomplexe, welche Ihnen unter Umständen schon erste Ideen bezüglich potenzieller Videoinhalte geben können, sollten Sie weitere mögliche Themenfelder durch entsprechende Recherchen identifizieren.

Das größte und am leichtesten zu identifizierende Potenzial hinsichtlich relevanter Themenfelder für Videos ist das World Wide Web. In diesem Zusammenhang sind vor allem Fachblogs und Foren, RSS-Feeds, Newsletter und YouTube wichtige Online-Quellen.

Fachblogs und Foren: Eine der wichtigsten Quellen zur Identifikation von Themen für Online-Videos sind Fachblogs und Internetforen. Recherchieren Sie intensiv, was an dieser Stelle speziell über Ihr Unternehmen, Ihre Produkte, Ihre Konkurrenten und im Allgemeinen über Ihre Branche geschrieben und gepostet wird. Informieren Sie sich in diesem Zusammenhang regelmäßig darüber, was in Ihrer Branche aktuell diskutiert wird, so dass Sie Ihr Video noch zielgerichteter auf Ihren Adressatenkreis zuschneiden können. Selbst verständlich können sie nicht auf jedes Thema, welches diskutiert wird, reagieren und entsprechende online Videos produzieren. Sie können aber durch entsprechend differenzierte Recherche wichtige Anhaltspunkte dafür gewinnen, was Ihre Zielgruppen gerade bewegt. Diese Form von Social Media Monitoring ist ohne große Investitionen durchführbar und gibt Ihnen eine hervorragende Übersicht, welche Sachverhalte überhaupt potenziell relevant sind. So ist das Internetforum „www.motor-talk.de" Europas größte Auto- und Motor Community. Hier finden sich unzählige Beiträge und Diskussionen rund um technische Probleme, Tuning und allgemeine Fragen zum Auto oder Motorrad. All dies sind für einen Automobilproduzenten oder einen entsprechenden Dienstleister in dieser Branche wichtige Ansatzpunkte für potenzielle *YouTube-Videos.*

Amazon und Bewertungsportale: Einen wichtigen Impuls hinsichtlich möglicher Themen für Online-Videos können auch Probleme, Fragen, Bewertungen hinsichtlich Ihrer Produkte und Dienstleistungen oder der Ihrer Konkurrenz auf amazon oder Bewertungsportalen sein. Obgleich man sich nie sicher sein kann, ob diese Bewertungen auch von realen Kunden eingestellt worden sind, liefern sie doch eine gewisse Indikation und können mögliche Themenkomplexe aufzeigen.

RSS-Feeds und Google Alerts: Auch über RSS-Feeds (Newsticker) können Sie Neuigkeiten und damit potenzielle Themenfelder für Online-Videos erhalten. Recherchieren Sie nach den für sie relevanten RSS-Kanälen und abonnieren Sie diese. Auf diese Weise erhalten Sie regelmäßig gute Hinweise und Inhalte zu aktuellen Themenkomplexen, welche Ihre Zielgruppe beschäftigen. Im Rahmen des Social Media Marketings sollten Sie auch *Google Alerts* nutzen, um sich einen maßgeschneiderten Benachrichtigungsdienst einzurichten. Sie können sich hierzu bestimmter Suchbegriffe bedienen, welche Sie miteinander kombinieren. Auf diese Weise bekommen Sie jedes Mal eine Benachrichtigung per E-Mail, wenn im Internet eine neue Seite oder ein Eintrag zu diesen Suchbegriffen erscheint.

> Richten Sie sich auf jeden Fall verschiedene Alerts ein, um jeweils getrennt über neue Inhalte hinsichtlich Ihrer Konkurrenten, Ihrer Branche und Ihrem Unternehmen informiert zu sein und gegebenenfalls zeitnah

darauf reagieren zu können. Abhängig von der Verschiedenartigkeit Ihres Unternehmens- und Produktportfolios kann es in diesem Zusammenhang sinnvoll sein, sich für jeden Produktbereich unterschiedliche Benachrichtigungseinstellungen einzurichten.

YouTube: die bereits erwähnt, ist *YouTube* längst nicht mehr nur eine reine Videoplattform, sondern auch ein „Social Network" sowie die zweitgrößte Suchmaschine der Welt. Vor diesem Hintergrund sollten sie *YouTube* als Ideengeber nutzen, indem Sie – vergleichbar mit dem oben erwähnten Social Media Monitoring – nach speziellen Begriffen suchen, welche für Ihre Branche relevant sind. Sie können auf diese Weise zum Beispiel herausfinden, was Ihre Wettbewerber bereits anbieten und ermessen, inwieweit Sie hier durch eigene Online-Videos einen Zusatznutzen bieten können.

Beispiel

Ein exzellentes Beispiel aus der Praxis ist das Kosmetikunternehmen *L'Oréal Paris*. Der offizielle deutsche Kanal des Unternehmens publiziert regelmäßig Tutorial-Videos mit Schmink- oder Styling-Tipps. Der Kanal hat dabei mehr 50.000 Abonnenten, was zeigt, dass zielgruppenrelevante Inhalte mit Mehrwert beim Nutzer ankommen (vgl. Abb. 1).

Newsletter: Eine weitere Möglichkeit, potenzielle Themeninhalte für Online-Videos zu identifizieren besteht für Sie darin, sich für verschiedene Newsletter anzumelden. Auf diese Weise bleiben Sie stets auf dem Laufenden und gewinnen wertvolle Ideen für Ihre Videos.

Wikipedia: Die weltgrößte Online-Enzyklopädie ist eine ausgezeichnete Quelle, um an kreative Ideen für Ihren *YouTube-Kanal* zu kommen. Zu können beispielsweise entsprechende Facheinträge zu Produkten und Dienstleistungen wertvolle Anregungen für Inhalte liefern. Wenn Sie beispielsweise in Wikipedia nach dem Begriff „Smartphone" suchen, finden Sie unter dem Punkt „Kritik" verschiedene Aspekte, welche Sie als Dienstleister oder auch Produzent von entsprechenden Produkten in aufgreifen könnten, zum Beispiel in einem Video über „Gefahren im Straßenverkehr".

Google News: Insbesondere für den zu stellenden Redaktionsplan lassen sich über den Nachrichten-Service von *Google* viele Themen finden, welche nicht nur relevant, sondern auch aktuell sind. *Google News* greift auf mehr als 700 deutschsprachige Nachrichtenquellen zurück und sammelt entsprechende Schlagzeilen.

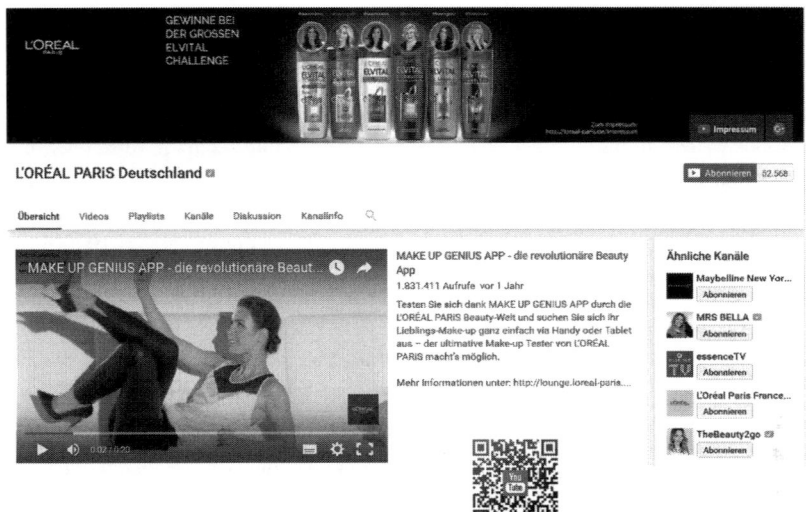

Abb. 1 *YouTube-Kanal* von L'Oréal Paris Deutschland. (Quelle: https://www.youtube. com/user/lorealparisde/featured, Zugegriffen: 02.02.2016)

Thematisch ähnliche Beiträge werden gruppiert und entsprechend Ihren persona-lisierten Interessen angezeigt. Damit fungiert *Google News* als ein umfassender Newsticker, welcher sich auf verschiedene Arten strukturieren lässt. Vor diesem Hintergrund sollten Sie den Dienst regelmäßig auf bestimmte Suchbegriffe hin prüfen, um Anregungen für entsprechende Online-Videos zu erhalten.

Zusätzlich zu den vorgenannten *Online-Quellen* können Sie natürlich auch *Offline-Quellen* nutzen, um geeignete Themen für Online-Videos zu finden. In diesem Rahmen finden vor allem die klassischen Wege der Informationsfindung Anwendung.

Messekalender: Ein Messekalender bietet für jedwede Branche interessante und wichtige Impulse für effektives Online-Marketing, da sie speziell auf die Zielgruppe zugeschnittene Informationen zu Fachveranstaltungen und -Tagungen bereitstellen.

Fachzeitschriften und -Zeitungen: Spezielle Printmagazine und Fachzeitungen liefern gleichfalls wichtige Anregungen für erfolgreiches Online-Marketing auf *YouTube.*

Interne Events: Überlegen Sie auch, welche Veranstaltungen und Themen aus dem eigenen Unternehmen sich für Online-Videos eignen. Mögliche Themen und

Inhalte für Videos sind beispielsweise Unternehmens-Jubiläen, der Tag der offe-
nen Tür oder auch der Beginn eines neuen Ausbildungsjahres.

Wiederkehrende Ereignisse und Termine: Auch klassische Redaktionsthemen
wie die Olympischen Spiele, Weihnachten, Sommer-Anfang, Super Bowl oder
die Oscar-Verleihung können ebenfalls mit Ihrem Unternehmen verbunden und
für Ihre Zielgruppe ansprechend aufbereitet werden. Der YouTube-Film „Danke
Mama" der Beiersdorf-Marke Nivea ist ein großartiges Beispiel für hervorragendes Video-Marketing. Fernab von reiner Produktwerbung gelingt es Beiersdorf,
seine potenziellen Kunden emotional anzusprechen. Mit über 4 Mio. Aufrufen ist
dieses Video zudem wesentlich erfolgreicher als viele Online-Videos vergleich-
barer Unternehmen, welche vornehmlich auf die Produkte fokussieren (vgl.
Abb. 2).

Achten Sie im Rahmen der Ideensammlung und Konzeption von Online-
Videos stets darauf, losgelöst von Ihren Produkten und Dienstleistungen zu denken und versuchen Sie stattdessen, Ideen und Themenkomplexe aufzugreifen,
welche viele Menschen und potenzielle Kunden ansprechen. Konkret bedeutet

Abb. 2 *Nivea YouTube-Video* „Danke Mama". (Quelle: https://www.youtube.com/
watch?v=AIMgU5wsps0, Zugegriffen: 02.02.2016)

dies, dass Sie nicht in jedes Video eine Werbebotschaft und indirekte Kaufauf- forderung integrieren, sondern Ihre Kunden und Nutzer im Rahmen von *Con- tent-Marketing* mit Inhalten begeistern sollten. Dies ist wesentlich effektiver und effizienter als klassische produktorientierte Werbung. Infolgedessen haben zahl- reiche Unternehmen, darunter Weltmarktführer wie *Nike* und *Coca-Cola,* ihre Kommunikationsstrategien geändert. Ein exzellentes Praxis-Beispiel für erfolg- reiches Content-Marketing ist das Unternehmen *Red Bull.* Das Produkt selber kommt auf den Webseiten wie gar nicht mehr vor. Stattdessen geht es um Inhalte, welche für die Zielgruppe des Unternehmens relevant und ansprechend sind wie beispielsweise „die beeindruckendsten Eishöhlen der Welt", die „9 magischsten Skiorte der Welt" oder auch „7 großartige Strategie-Spiele für 2016".

Im Jahr 2012 finanzierte das Unternehmen den Sprung aus dem Weltraum von *Felix Baumgartner* und landete damit nicht nur einen großen Marketing-Coup, sondern ein Ereignis, welches um die ganze Welt ging. Das Video gehörte bei *YouTube* zu den zehn meist gesehenen Produktionen des Jahres (vgl. Abb. 3).

Ein wichtiges Element im Rahmen erfolgreichen Online- und Content-Marke- tings über *YouTube* ist der *Redaktionsplan.*

Abb. 3 Webseite von *Red Bull.* (Quelle: http://www.redbull.com/de/de, Zugegriffen: 02.02.2016)

Gut geplant ist halb gewonnen – die Bedeutung eines Redaktionsplanes

Der Redaktionsplan ist ein unverzichtbares Strategiedokument, um die Produktion und Veröffentlichung Ihrer Online-Videos zu planen, zu implementieren und zu kontrollieren. Er stellt für alle Mitwirkenden und Beteiligten eine Art Fahrplan dar, welcher verbindlich einzuhalten ist.

> Der Redaktionsplan hilft Ihnen dabei, Ressourcen effektiv einzusetzen, Zeitabläufe einzuhalten, Produktionsabläufe auf lange Sicht hin zu planen, um letztlich Ihre Social Media Ziele zu erreichen.

In Bezug auf Online-Marketing über *YouTube* halten Sie im Redaktionsplan fest, was die zu arbeitenden Themen sind, bis wann ein Video gedreht und bearbeitet sein muss, sowie den Zeitpunkt der Veröffentlichung (vgl. Abb. 4).

Obgleich es keine allgemein gültige Definition eines Redaktionsplanes bzw. seiner Komponenten gibt, lassen sich an dieser Stelle dennoch Empfehlungen aussprechen, welche Elemente ein solches Dokument für ihr Online-Marketing über *YouTube* beinhalten muss.

Termine: Fragen Sie an dieser Stelle, wie oft Sie etwas veröffentlichen wollen. Setzen Sie sich hierbei realistische Ziele, bis wann die einzelnen Komponenten fertig sein müssen und legen Sie entsprechende *Liefertermine* fest. Bestimmen Sie auch entsprechende *Veröffentlichungstermine* zu denen ein Video auf YouTube hochgeladen werden muss. Diese Termine sollten für alle Beteiligten verbindlich sein.

Thema und Kurzbeschreibung: Nachdem Sie – wie in dem vorangegangenen Abschnitt dargestellt – Inhalte für potenzielle Videos gesammelt und aufbereitet haben, halten Sie in diesen Abschnitten die entsprechenden Titel sowie kurz die Inhalte fest.

Verantwortlichkeiten und Status: Für eine effektive und effiziente Planung ist es unerlässlich, in einem Redaktionsplan auch die jeweils Verantwortlichen sowie den aktuellen Bearbeitungsstatus festzuhalten.

Termine				Inhalt				Seeding
Monat	Woche (KW)	Veröffentlichung	Liefertermin	Thema	Kurzbeschreibung	Verantwortlich	Status	

Abb. 4   Musterbeispiel eines Redaktionsplans für *YouTube*

Seeding: An dieser Stelle führen Sie Kanäle an, auf denen ein Medium verbreitet wird. Im Sinne des englischen Begriffs für „säen" legen Sie dementsprechend fest, auf welchen Plattformen zusätzlich zu YouTube selbst auf das Video hingewiesen werden soll und wen Sie ggfs. zum Seeding motivieren wollen? Wenn Sie alle Elemente für Ihren Redaktionsplan zusammen haben, sollten Sie diese in ein übersichtliches Dokument übertragen. Dieses können Sie entweder selbst erstellen oder eine entsprechende Vorlage aus dem Internet herunterladen.

Tipps für Ihren Erfolg

- Nutzen sie sowohl Online- als auch Offline-Quellen, um geeignete und ansprechende Themenkomplexe zu identifizieren.
- Wählen Sie Themen, welche zum einen Ihre Zuschauer interessieren könnten, zum anderen aber auch zu Ihrem Unternehmen passen.
- Stellen Sie im Sinne des Content-Marketings weniger die Produkte als vielmehr ansprechende und interessante Inhalte in den Vordergrund.
- Legen Sie Ideen, Fristen, Verantwortlichkeiten, Termine und Seeding-Angaben in einem Redaktionsplan fest.

Das Wichtigste in Kürze

- Um eine wirkliche Verbindung zum Verbraucher herzustellen, ist reine Produktwerbung heutzutage – über keinen Kanal – nicht einmal mehr annähernd genug. Stattdessen müssen Unternehmen sich selbst als erste kompetente Anlaufstelle für die Bedürfnisse, Anforderungen und Probleme ihrer Konsumenten positionieren und zwar über das reine Produkt, den Service und das Angebot hinaus!
- Richten Sie sich auf jeden Fall verschiedene Alerts ein, um jeweils getrennt über neue Inhalte hinsichtlich Ihrer Konkurrenten, Ihrer Branche und Ihrem Unternehmen informiert zu sein und gegebenenfalls zeitnah darauf reagieren zu können. Abhängig von der Verschiedenartigkeit Ihres Unternehmens- und Produktportfolios kann es in diesem Zusammenhang sinnvoll sein, sich für jeden Produktbereich unterschiedliche Benachrichtigungseinstellungen einzurichten.
- Der Redaktionsplan hilft Ihnen dabei, Ressourcen effektiv einzusetzen, Zeitabläufe einzuhalten, Produktionsabläufe auf lange Sicht hin zu planen, um letztlich Ihre Social Media Ziele zu erreichen.

Klappe und Action – Erfolgreiche Produktion von Online-Videos

6

Wie alle anderen sozialen Medien ist auch *YouTube* kein Selbstläufer, sondern erfordert entsprechende Ressourcen, um für Ihr Unternehmen und Ihre Kunden einen echten und nachhaltigen Mehrwert zu generieren. Wie auch im Rahmen der Suchmaschinenoptimierung benötigen Sie zur Ausschöpfung des großen kommunikationspolitischen Potenzials von *YouTube* vor allem einzigartige und qualitativ hochwertige Inhalte in Form von Videos, welche auf die spezifischen Bedürfnisse Ihrer Nutzer und Zielgruppen zugeschnitten sind.

Nachdem Sie – wie im vorangegangenen Kapitel dargestellt – geeignete Themen und Inhalte in einem Redaktionsplan festgehalten haben, geht es nun um die erfolgreiche Konzeption und Planung sowie Produktion von entsprechenden Videos.

Erfolgreiche Konzeption und Planung von Videos

Die gute Nachricht vorweg: Online-Videos zu planen und erstellen klingt komplizierter als es in der Praxis ist! Sie brauchen dazu weder *YouTube-Künstler* zu sein noch schauspielerische Performances in Ihren Videos abliefern. Es geht in den allermeisten Videos in erster Linie darum, sich möglichst authentisch zu präsentieren. Darüber hinaus können Sie über die Themenwahl im Video natürlich sehr schnell und leicht klarmachen, für welches Thema Sie als Unternehmen stehen und wofür Sie entsprechende Kenntnisse besitzen.

Wie sollen Sie nun konkret vorgehen, um erfolgreiche Webvideos zu produzieren? Am einfachsten ist es, wenn sie sich einfach an die folgende in der Praxis bewährte Vorgehensweise halten.

© Springer-Verlag Berlin Heidelberg 2016

M.O. Opresnik und O. Yilmaz, *Die Geheimnisse erfolgreichen YouTube-Marketings,*
Geheimnisse des Erfolgs, DOI 10.1007/978-3-662-50317-1_6

1. *Schritt: Konzeptionsphase:* In dieser Phase legen Sie Ihre Ziele fest und definieren, auf welche Weise Sie Ihre Zielgruppe am besten begeistern können.
   Dabei sind vor allem folgende Fragen wichtig:

- Was wollen Sie wem warum erzählen? Achten Sie in diesem Zusammenhang
  darauf, wie zu Beginn des Buches erwähnt, dass Ihre Ziele stets SMART sind
  (vergleichen Sie hierzu den Abschnitt „Planung und Konzeption einer Social
  Media Strategie mit dem POST-Framework"). Legen Sie im Rahmen einer
  klaren Zieldefinition fest, was das Video leisten soll! Möchten Sie beispielsweise ein neues Produkt bekannt machen? Möchten Sie Ihren Kunden einen
  Mehrwert liefern? Oder geht es eher um ein Video, welches schnell auffindbar
  ist und Ihnen neue Kunden bringen soll?
- Welche Kernaussage wollen Sie mit Ihrem Film vermitteln?
- In welches Format – Unternehmensvideo, Interview, Dokumentation u. a. –
  kann diese Aussage am besten verpackt werden (vergleichen Sie hierzu auch
  den nachstehenden Abschnitt)?
- Welche Bilder unterstreichen die Aussage? Versetzen Sie sich dabei stets in die
  Rolle Ihrer Zielgruppe! Definieren Sie diese detailliert und exakt.

Es ist in diesem Zusammenhang sinnvoll mit der Festlegung eines Themas
sowie dem Wahl eines entsprechenden Formates auch ein grobes Konzept der
einzelnen Szenen, also eine Art *Storyboard,* niederzuschreiben. Hierfür können Sie auch Ihren Redaktionsplan entsprechend erweitern bzw. mit Details
anreichern, indem Sie für jedes Thema bzw. Video festlegen, welche Bilder
und Texte Sie hierfür in welcher Kombination verwenden wollen.

Der zusätzliche Aufwand, welche ein Storyboard mit sich bringt, macht sich
durch einen beschleunigten Produktionsprozess mehr als bezahlt.

2. *Schritt: Dreh:* für diese Phase ist entscheidend, auf welcher technischen
   Grundlage die Produktion stattfinden soll. So können Sie bereits aus einfachen
   Fotos ein Video in Form einer Slideshow erstellen oder auch Aufnahmen mit
   einem Smartphone, einer Webcam oder auch einer professionellen Kamera
   machen (weitere detaillierte Hinweise bezüglich der Produktion von Videos
   finden Sie in den nachstehenden Abschnitten).
3. *Schritt: Postproduktion:* In dieser Phase wird das gedrehte Videomaterial
   geschnitten und auf diese Weise Geschwindigkeit, Rhythmus und Spannung
   erzeugt. In dieser Nachbereitungsphase findet auch die Korrektur von Farbe,
   Belichtung sowie Kontrast statt. Gleichzeitig sollten Sie berücksichtigen, an

welchen Stellen sie später Einblendungen in den fertigen Film einbinden wollen (vergleichen Sie hierzu bitte auch die Ausführungen in den unten stehenden Abschnitten).

4. *Schritt: Upload und Verbreitung:* Nachdem das Video fertig produziert und nach bearbeitet wurde, erfolgen der Upload sowie die Verbreitung über YouTube und andere soziale Medien (vergleichen Sie hierzu bitte auch die Ausführungen in den nachstehenden Kapiteln).

Das optimale Format wählen

Wie bereits im vorangegangenen Kapitel betont ist es von zentraler Bedeutung, dass Sie im Rahmen Ihrer *YouTube-Strategie* nicht zu sehr auf Ihr Unternehmen und Ihre Produkte fokussieren, sondern stattdessen Themen und Inhalte in den Mittelpunkt stellen, welche für Ihre Zielgruppe interessant, wichtig und aktuell sind.

Online-Videos als Marketinginstrumente können grundsätzlich in mehrere Kategorien unterteilt werden. Je nach Werbestrategie, Produkten, Dienstleistungen, Zielsetzungen und Zielgruppe können Sie Image- und Unternehmens-Videos, Produkt- und Werbe-Videos, HR-Videos, Viral-Videos, Event-Videos sowie Tutorial- und Schulungs-Videos einsetzen, wobei hier Überschneidungsbereiche bestehen.

Überlegen Sie genau, welche Art von Video am besten zu Ihrem Unternehmen, Ihrer Zielsetzung und Ihrer Strategie passt, da jeder Typ eine andere Wirkung hat.

Die wichtigsten Formate wollen wir Ihnen nachfolgend kurz vorstellen.

Image- und Unternehmens-Videos: Bei dieser Art von Videos handelt es sich um Porträts, bei welchen entweder der Mehrwert Ihres *YouTube-Kanals* oder die Leistungen Ihres Unternehmens in den Mittelpunkt gestellt werden. Grundsätzliche Zielsetzung ist es, größtmögliche Aufmerksamkeit für Ihre Videos und oder Ihre Marke zu erzielen. Über dieses Format können Sie Ihren Kunden und potenziellen Zuschauern einen Einblick in Ihr Unternehmen geben und auf anschauliche Art und Weise vermitteln, welche Produkte Sie anbieten, was Ihr Unternehmen auszeichnet oder was Ihre Alleinstellungsmerkmale sind.

Beispiel

Ein aktuelles Beispiel aus der Praxis für ein sehr effektives und emotionales Unternehmensvideo ist der Film der Fluggesellschaft *Emirates,* in welchen das Unternehmen seine Flugbegleiterinnen kurzerhand in ein Fußballstadion versetzt. Vor einem Liga-Spiel des Clubs Benfica Lissabon Ende Oktober 2015 im „Estadio da Luz", dem Heimstadion von Benfica, marschierten schritt ein Team aus acht Emirates-Stewardessen stolz und lächelnd den Rasen. Kurz darauf meldete eine weibliche Stimme aus den Stadionlautsprechern: „Emirates heißt Sie an Bord des Estadio da Luz willkommen. Ihr Enthusiasmus ist uns sehr wichtig. Wir bitten Sie deshalb um Ihre volle Aufmerksamkeit bei den folgenden Instruktionen" Dann verwiesen die Flight Attendants gestenreich auf die 32 Stadionausgänge, die 65.000 Fans und die beiden Tore. Neben den Hinweisen, die mobilen Geräte nun wegzulegen und die Taschen zu verstauen, ernteten die gut gelaunten Frauen vor allem für die Schal-Instruktionen viele Lacher: „Im Falle eines Tores lösen sich automatisch Schals über Ihren Köpfen. Platzieren Sie den Schal über ihrem Kopf und atmen Sie ruhig weiter." Die Stimme schloss mit den Worten: „Wir wünschen Ihnen ein angenehmes Spiel." Dieses Imagevideo mit Lokalkolorit generierte innerhalb von nur einem Vierteljahr weit mehr als 2 Mio. Aufrufen und beweist, dass Unternehmensvideos durchaus emotional und effektiv sein können (vgl. Abb. 1).

Abb. 1 Image- und Unternehmens-Video der Firma *Emirates.* (Quelle: https://www.youtube.com/watch?v=jAF2hZxdFRE, Zugegriffen: 05.02.2016)

Produkt- und Werbe-Videos: In diesen Videos erfolgt klassischer Weise eine Vorstellung und Bewerbung für Produkte und Dienstleistungen unterschiedlichster Branchen wie beispielsweise Immobilien, Reisen oder Finanzen. Dabei ist es sinnvoll, auf dem entsprechenden *YouTube-Kanal* nicht nur einfach die auch in den klassischen Medien gezeigten Werbespots hochzuladen, sondern speziell auf dieses Format ausgerichtete Videos zu produzieren.

Beispiel

Ein hervorragendes Beispiel für effektive Produktvideos sind die Filme der amerikanischen Firma *Blendtec,* welche diverse Mixer produziert. Jeweils unter dem Titel „Will it blend" wird das Gerät jeweils einem besonderen Test unterzogen, indem damit beispielsweise ein Smartphone, Magnete oder ein Baseball zerkleinert werden. Das bislang erfolgreichste Video, in welchem mit dem Gerät ein iPad klein gemahlen wird, verzeichnet aktuell mehr als 18 Mio. Aufrufen (Stand Februar 2016).

Durch diese Videos gelang es dem Unternehmen, seine Produkte weltweit bekannt zu machen und seinen Absatz um mehrere 100 % zu steigern (vgl. Abb. 2).

Abb. 2 Produkt- und Werbe-Video der Firma *Blendtec.* (Quelle: https://www.youtube.com/watch?v=lAl28d6tbko, Zugegriffen: 04.02.2016)

HR-Videos: Diese Form von Videos widmet sich generell dem Thema Personal und sind dafür geeignet, um im Rahmen des *„Employer Branding"* für Ihr Unternehmen potenzielle Mitarbeiter anzusprechen. Die Filme sollen dabei ihre Zielgruppe nicht in erster Linie unterhalten sondern vielmehr das Images von Ihnen als Arbeitgeber positiv transportieren. Doch nicht nur das ist von Bedeutung. Ein potenzieller Bewerber will Antworten auf die Frage: „Warum soll ich mich gerade in diesem Unternehmen bewerben?" Vor diesem Hintergrund informieren sich viele angehenden Berufsanfänger über Unternehmen auf *YouTube,* wie die 25-jährige *Sarah-Jane Rabenstein,* welche nebenberuflich Betriebswirtschaftslehre und Wirtschaftspsychologie studiert. Der Vorteil ist, so die Junior-Controllerin, dass der Zuschauer einen ganz anderen Einblick in das Unternehmen, die Räumlichkeiten und die dahinterstehenden Persönlichkeiten erhält.

Beispiel

Der Sportartikelhersteller *adidas* hat für diese Art von Videos einen eigenen Kanal eingerichtet: *adidasGroupCareers.* Hier postet das Unternehmen regelmäßig neue Videos, welche potenzielle Bewerber ansprechen und für das Unternehmen begeistern sollen, beispielsweise durch den emotionalen Film „Make Greatness Happen", welcher mit annähernd 150.000 Aufrufen zu den erfolgreichsten Employer-Branding Videos zählt (vgl. Abb. 3).

Abb. 3 HR-Video der Firma *adidas.* (Quelle: https://www.youtube.com/watch?v= AaX7Z1c9PwU, Zugegriffen: 05.02.2016)

Viral-Videos: Dieses Format wird im Rahmen der Marketing-Kommunikation zumeist mit dem Zweck verbunden, eine Marke zu stärken oder ein konkretes Produkt zu vermarkten. Dabei geht es zumeist um *Storytelling,* also darum Geschichten zu erzählen. Das Ziel ist es über die sozialen Netzwerke und die entsprechende Weiterleitung und Empfehlungen durch die Zuschauer schnell eine extrem hohe Reichweite zu erzielen.

Beispiel

VW gelang dies eindrucksvoll mit dem Video „The Force". Der Spot, in dem ein als *Darth Vader* verkleideter Junge verschiedene Gegenstände, seinen Hund und letztendlich auch das elterliche Auto, einen *VW Passat,* mithilfe der Macht zu beeinflussen versucht, entwickelte sich zu einer in sozialen Netzwerken viel beachteten *Star-Wars-Hommage.* Auf *YouTube* wurde der Spot weit mehr als 63 Mio. Mal angeklickt (Stand: Februar 2016), was ihn zu einem der erfolgreichsten viralen Videos überhaupt macht. Das amerikanische Wirtschaftsmagazin *Ad Week* kürte das Video zum besten Werbespot des Jahres 2011 (vgl. Abb. 4).

Abb. 4 Viral-Video der Firma *VW.* (Quelle: https://www.youtube.com/watch?v=R55e-uHQna0, Zugegriffen: 05.02.2016)

Event-Videos: Ein derartiges Video wird oft als Bericht oder Dokumentation über ein Ereignis erstellt. Hierbei können Zuschauer mehr über ein Event von Kanalbetreibern, Unternehmen oder Einzelpersonen erfahren. Werden in ihrem *YouTube-Kanal* diesbezüglich regelmäßig Videos zu Veranstaltungen hochgeladen, kann darüber eine längerfristige Nutzerbindung erfolgen.

Beispiel

Ein gutes Beispiel sind die Event-Videos der Firma *Apple.* So lädt das Unternehmen regelmäßig entsprechende Filme über Events wie beispielsweise die *Worldwide Developers Conference* (oft abgekürzt als *WWDC;* deutsch: weltweite Entwicklerkonferenz), eine jährlich von *Apple* in Kalifornien veranstaltete Konferenz, hoch. Die Konferenz beginnt mit einer Keynote, die *Apple* oft nutzt um zukünftige Produkte vorzustellen, anschließend finden Vorträge und Workshops statt. Obgleich sich die Konferenz in erster Linie an Software-Entwickler für *Mac OS X* und *iOS,* und neuerdings auch an die Entwickler von *WatchOS* richtet, erreichen die Videos stets auch ein großes Massenpublikum, was die jeweils deutlich über 1 Mio. Aufrufen der Event-Videos aus den letzten beiden Jahren zeigen (vgl. Abb. 5).

Abb. 5 Event-Video der Firma *Apple.* (Quelle: https://www.youtube.com/watch?v=_p8AsQhaVKI, Zugegriffen: 05.02.2016)

Tutorial- und Schulungs-Videos: In derartigen Videos können Sie hilfreiche Tipps, Tricks und Anleitungen in Bezug auf Ihre Produkte bzw. Dienstleistungen zeigen. Mit einem Video, welches eine sehr gute Erklärung für ein gefragtes Thema hat, können Sie Ziele wie Zuschauerbindung, Markenstärkung und Informationen über Ihr Produktportfolio erreichen.

Tutorials sind angesagt wie nie! Das nutzt beispielsweise die Agentur *Content Cube* – eine exklusive WPP-Agentureinheit, die sich um das Content Marketing für die *L'Oréal-Konzernmarken* kümmert – für *Maybelline New York*. Die Zielgruppe sieht besonders häufig Schminktutorials auf *YouTube,* also bietet die Marke ebenfalls Tutorials an, die mit deutschen *YouTube-Stars* professionell gedreht werden. Um eine hohe Sichtbarkeit zu erzielen, basieren die Themen der Tutorials auf den zusammen mit *Google* identifizierten *YouTube-Suchanfragen* und werden so auch organisch gefunden. Ein Perspektivwechsel von der reinen Markensicht, bei der das Produkt im Mittelpunkt steht, zur wirklichen Relevanz, basierend auf den Interessen der Zielgruppe.

Ergänzt werden die Tutorials mit Hero Content, in dem zum Beispiel die Markenbotschafterin *Lena Gercke* zu einer Challenge aufruft.

Nicht zu vergessen: der Editorial Content. Bei Artikeln, die *Content Cube* für viele Marken und Websites plant und erstellt, gilt es, den *Google-Algorithmus* positiv zu beeinflussen und eine hohe Sichtbarkeit zu erzielen. Für *L'Oréal* sind an dieser Stelle qualitativ hochwertige Inhalte wichtig, die nicht nur SEO-Kriterien (Keyword-Dichte, Struktur und Textlänge) berücksichtigen, sondern auch eine inhaltliche Relevanz für unsere User bieten, sie zur Interaktion bewegen und zum Sharen animieren.

Laufende Diskussionen und hochaktuelle Konversationen – daran möchte *L'Oréal* teilnehmen, um die Marke ins Gespräch zu bringen – kein Realtime ohne Social Listening: Unterhaltungen im Netz werden mittels Social-Listening-Tools, plattformeigener Suchfunktionen, Screening von Wettbewerb und Influencern sowie Presse und Medien beobachtet, und dann wird schnell reagiert. Dies kann von tagesaktuellen Social Media Posts bis hin zu Live-Twittern in Echtzeit reichen. Und die Geschwindigkeit ist hierbei ein wesentlicher Erfolgsfaktor.

Beispiel

Ein weiteres Praxisbeispiel nicht aus der Unternehmens- sondern der Unternehmerwelt sind die Videos der aus den USA stammende Vietnamesin *Michelle Phan,* die weltweit mit weit mehr als 8 Mio. Abonnenten und eine Milliarde Views weltweit zu den bekanntesten *YouTubern* zählt. Ihre Filme, darunter zahlreiche Tutorials, kreisen um das Thema „Beauty". Über 300

Videos zu jedem nur erdenklichen Look hat sie hochgeladen. Im Jahre 2009 stellte sie das *„Barbie Transformation Tutorial"*, ihr bisher meist gesehenstes Video, ein. Dabei ist jedes ihrer Videos auf seine Art einzigartig, so, dass der Zuschauer immer wieder von ihren Ideen überrascht ist. Ihre Tutorials haben mehr Aufrufzahlen als die der großen Kosmetikunternehmen und zählen zu den erfolgreichsten Tutorials überhaupt. Dabei nehmen die Filme beinahe viralen Charakter an, da ihre Videos bereits wenige Wochen nach erfolgtem Upload-Datum ein Millionenpublikum finden. So hat beispielsweise das am 22.01.2016 hochgeladene Tutorial „CASHMERE KITTY =^ • I • ^=" bereits nach 4 Wochen mehr als 1 Mio. Zugriffe. Vor diesem Hintergrund gelang es ihr, in Zusammenarbeit mit *L'Oréal,* Mitte 2013 sogar ihre eigene Kosmetiklinie *em cosmetics* erfolgreich an den Start zu bringen (vgl. Abb. 6).

Nachdem wir nun die wichtigsten Formate vorgestellt haben, müssen Sie sich nun für eines entscheiden. Sie haben gewissermaßen die Qual der Wahl. Entscheidend ist, dass Sie die Formate auswählen, welche am besten geeignet sind, die in Ihrer Strategie und Konzeption festgelegten Ziele am besten zu erreichen.

Abb. 6 Tutorial-Video von *Michelle Phan.* (Quelle: https://www.youtube.com/watch?v=To9aMEsJR4w, Zugegriffen: 05.02.2016)

Produktionsarten von Videos

Bei vielen Unternehmen und Unternehmern ist mit der Produktion von Videos die Befürchtung verbunden, dass damit hohe Produktionskosten sowie ein großer Aufwand einhergehen. Viele von Ihnen stellt sich in diesem Zusammenhang sicherlich folgende Frage: Wie, mit welchen Mitteln und vor allem von wem sollen die Videos realisiert werden? Geht das auch im eigenen Unternehmen bzw. Haus? Diese Frage können und wollen wir nicht eindeutig beantworten, da es nämlich wie immer drauf ankommt. Darauf, welche Ansprüche Sie an eine solche Produktion haben, wie umfangreich und zahlreich die Videos werden sollen, welche Ausrüstung Sie dazu brauchen und welche Erfahrungen Sie oder Ihre Mitarbeiter bei der Produktion von Videos haben.

Die Produktionsarten von Videos unterscheiden sich hinsichtlich Qualität, Zeitaufwand und Kosten. Grundsätzlich stehen Ihnen hier im Wesentlichen Slideshow-Videos, Screenrecorder-Videos, Mobilgeräte-Videos und HD-Kamera-Videos zur Verfügung.

Slideshow-Videos: Wenn es auf die Möglichkeit ankommt, zahlreiche Videos kostengünstig innerhalb von kurzer Zeit zu produzieren, ist die Produktionsart des Slideshow-Videos eine gute Wahl. Obgleich hierbei lediglich aneinandergereihte Bilder gezeigt werden, können Sie mit Musik und ansprechenden Animationen sowie interaktiven Klickflächen entsprechende Mehrwerte generieren. Die Bilder für ein Slideshow-Video können Sie dabei direkt mit Ihrer Kamera oder einen Smartphone erstellen. Selbstverständlich sind auch Grafiken oder Elemente aus Präsentationen einsetzbar.

YouTube selbst bietet ein Tool für die Erstellung eines Slideshow-Videos. Klicken Sie hierzu einfach auf den Button „Hochladen" und dort unter dem Punkt „Diashow" auf „erstellen". Hier können Sie einfach per „Drag & Drop" entsprechende Fotos von Ihrer Festplatte oder aus Ihrem verknüpften *Google+-Account* zusammenstellen.

Die Vorteile von Slideshow-Videos sind, dass sie schnell und preiswert zu erstellen sind. Sie benötigen zur Erstellung von entsprechenden Videos keine Kamera und müssen keinen aufwendigen Videoschnitt durchführen, was Kosten spart. Außerdem ist der Zeitaufwand im Vergleich zum Dreh eines Videos mit einer Kamera und anschließendem Schnitt sehr überschaubar.

Als Nachteil ist die Tatsache anzusehen, dass ein Diashow-Video natürlich vom Anspruch her gesehen nicht mit einem gedrehten Film vergleichbar ist. Es ist in diesem Format auch schwieriger, Emotion zu vermitteln und Geschichten zu erzählen, so dass ein solches Format eher für Tutorials geeignet erscheint. Wenn es darum geht ein emotionales Image-, Werbe- oder gar Viral-Video zu produzieren, sollten Sie daher auf dieses Format verzichten.

Screenrecorder-Videos: Wenn Sie einen Vortrag, die Bedienung eines Programms, oder eine Produkt-Demo in einem Film festhalten wollen, bieten sich Videos mit Bildschirmaufnahme an. Hierbei wird das auf dem PC-Monitor gezeigte Bild direkt als Video aufgenommen. Ähnlich wie bei den Slideshow-Videos ist der Produktionsaufwand bei dieser Bildschirmaufnahme (auch Screencast genannt) relativ gering. Die entsprechende Software können Sie zumeist gratis aus dem Internet herunterladen und auf diese Weise beispielsweise eine Präsentation durchgehen, diese kommentieren und das Ganze in einem Video festhalten. So können Sie zum Beispiel Vorträge bzw. eine Vorlesung im Rahmen eines Videos wiedergeben. Ihre Zuschauer können dabei zum einen Ihre Folien, Bilder, Animationen und Texte sehen und gleichzeitig Ihrem Vortrag zuhören. Achten Sie bei diesen Videos darauf, dass keine störenden Elemente auf dem Bildschirm zu sehen sind und zeigen Sie nur das, was für den Zuschauer wirklich wichtig ist.

Smartphone-Videos: Die Kameras von modernen Smartphones bieten bereits eine gute bis sehr gute Qualität in Bezug auf die Bildqualität. Wenn Sie also bereits über ein entsprechendes Gerät verfügen, entstehen somit keine weiteren Kosten für das Video-Equipment. Ein weiterer Vorteil ist die hohe Geschwindigkeit vom Dreh bis zum Upload auf *YouTube,* da letzterer direkt von unterwegs aus stattfinden kann. Demgegenüber steht der unter Umständen größere Zeitaufwand im Vergleich zu den vorgenannten Produktionsarten, wenn das Material nicht nur gedreht sondern im Anschluss auch geschnitten werden soll. Abstriche müssen Sie allerdings bei der Tonqualität des integrierten Mikrofons machen, was sich insbesondere bei Hintergrundgeräuschen, welche beispielsweise beim Filmen im Freien nicht zu verhindern sind, negativ auswirkt. Auch bei unzureichenden Lichtverhältnissen, beispielsweise bei Nachtaufnahmen, bieten die in den Smartphones verbauten Kameras natürlich nicht die Qualität einer professionellen HD-Kamera.

HD-Kamera-Videos: Die professionellsten Ergebnisse erzielen Sie, wenn Sie für den Dreh eine separate HD-Kamera verwenden. Mit entsprechenden Geräten und gegebenenfalls einem separaten Mikrofon können Sie sowohl hinsichtlich der Auflösung als auch in Bezug auf die Tonqualität bestmögliche Qualität sicherstellen (vergleichen Sie hierzu auch die in den nachfolgenden Abschnitten gemachten Anmerkungen).

Nach der soeben erfolgten kompakten Darstellung der wichtigsten Produktionsarten von Videos müssen Sie in Abhängigkeit von Ihrer Strategie entscheiden, welche Art bestmöglich geeignet ist, Ihre definierten Ziele zu erreichen. Selbstverständlich können Sie auch Produktionsarten miteinander kombinieren bzw. für unterschiedliche Ziele unterschiedliche Arten einsetzen.

Die geeignete technische Ausrüstung

Wie im vorangegangenen Abschnitt erläutert benötigen Sie bei einigen der dargestellten Produktionsarten kein professionelles Equipment, um entsprechende Online-Videos zu produzieren. Wenn Sie allerdings – und das gilt in der Regel für die meisten Unternehmen und Unternehmer – regelmäßig in hoher Bild und Tonqualität Filme produzieren wollen, um Ihren Auftritt auf *YouTube* professionell zu gestalten, empfiehlt sich auch eine entsprechende technische Ausrüstung.

Damit Ihre Videos eine ansprechende Qualität ausstrahlen – und somit auch Ihr Unternehmen oder Sie selbst – benötigen Sie ein passendes Gesamtpaket aus Kamera, Ton und Licht.

Kamera: Welche Kamera für Ihre Belange am geeignetsten ist, hängt natürlich – wie bereits erwähnt – von Ihrem Anspruch an die Qualität und Professionalität der zu produzierenden Videos ab. Wenn Sie nur ab und zu Videos drehen und keine großen Ansprüche an die Qualität von Bild und Ton haben, können Sie als Alternative zum Smartphone natürlich auch eine *Webcam* einsetzen. Diese sind zumeist schon in Desktop-PCs bzw. Laptops verbaut oder ansonsten relativ preiswert für 20 bis 50 EUR erhältlich. Den günstigen Anschaffungspreis steht allerdings eine geringe Bild- und Tonqualität gegenüber, was diesen Geräten nur bedingt einen Zusatznutzen gegenüber einem Smartphone verleiht. Eine weitere Option stellen moderne *Kompakt-Kameras* dar, welche schon für 100 bis 200 EUR erhältlich sind. Diese sind aber hauptsächlich für Fotoaufnahmen geeignet und stoßen bei Videoaufnahmen schnell an Ihre Grenzen was die Bild- und vor allem die Tonqualität betrifft. Wenn Sie regelmäßig qualitativ ansprechende Videos drehen möchten, bietet sich daher entweder ein Camcorder oder eine digitale Spiegelreflexkamera an. *Camcorder* sind speziell für Videoaufnahmen ausgelegt und können in der Regel leicht bedient werden. Aufgrund der technischen Entwicklung bieten heute bereits Einstiegsgeräte für 150–500 EUR eine sehr gute Videoqualität. Hochwertigere Geräte bieten die Möglichkeit, mit verschiedenen Objektiven zu drehen und qualitativ noch bessere Aufnahmen zu erzielen. Die modernen digitalen *Spiegelreflexkameras* bieten über ihre Aufnahmefunktion ebenfalls die Möglichkeit, Filme von sehr hoher Qualität zu produzieren. Außerdem können sie – wie die hochwertigen Camcorder – mit verschiedenen Objektiven versehen werden, was ihren Einsatz sehr variabel macht. Gute Spiegelreflexkameras sind bereits ab 300 EUR erhältlich. *Professionelle Filmkameras* stellen die Königsklasse in Bezug auf Kameratechnik dar. Diese Geräte sind allerdings deutlich teurer als die vorgenannten Kameras und eher für aufwendige Werbekampagnen sowie Unternehmens- und Image-Videos geeignet.

Gleich für welche Kameratechnik Sie sich auch entscheiden, sollten Sie beim Kauf die nachstehenden technischen Hinweise beachten:

- *Separater Mikrofoneingang:* Es ist hilfreich, wenn die Kamera einen externen Mikrofoneingang hat, um Ihnen gegebenenfalls die Möglichkeit zu geben, durch Anschluss eines separaten Mikrofons die Tonqualität signifikant zu steigern.
- *Leistungsstarker und auswechselbarer Akku:* Ein Akku mit einer langen Laufzeit garantiert Ihnen, dass der Dreh ihres Videos nicht abgebrochen werden muss. Es ist ebenso vorteilhaft, wenn Sie den Akku entnehmen und gegebenenfalls auswechseln können.
- *Ausreichend große Speicherkarte:* Wenn Sie Filme in hoher Qualität aufnehmen, benötigt dies entsprechend viel Speicherplatz. Achten Sie darauf, eine ausreichend große Speicherkarte zu kaufen, da sie mit den im Lieferumfang enthaltenen Karten schnell an Grenzen stoßen.
- *Stativ:* Bereits einfache Stativ erleichtern einen ruhigen und ruckelfreien Dreh.

Mikrofon: Ein guter Ton ist im Rahmen der Produktion von Online-Videos unerlässlich, da es sehr ärgerlich für den Zuschauer ist, wenn ein ansprechendes Video zwar über eine gute Bild- nicht aber Audio-Qualität verfügt. Die einfachste Möglichkeit besteht darin, ihr Video mit Musik zu unterlegen. Hierfür bietet *YouTube* mit der kostenlosen Audiobibliothek eine umfassende Sammlung an Stücken an, welche Sie als Hintergrundmusik nutzen können. Für die meisten Verwendungszwecke allerdings ist Musik alleine nicht aussagekräftig genug, so dass Sie eine eigene Tonspur für das Video nutzen müssen. Hierfür benötigen Sie ein separates Mikrofon. Obgleich viele Kameras über ein eingebautes Mikrofon verfügen, eignet sich dieses in der Regel nur sehr bedingt für eine qualitativ gute Tonaufnahme. Dies liegt daran, dass der Dreh häufig zu weit entfernt von der Kulisse stattfindet, so dass Stimmen von handelnden Personen nur sehr leise aufgenommen werden. Weiterhin nehmen interne Mikrofone stets alle Geräusche auf, welche in unmittelbarer Nähe zu hören sind, was insbesondere bei Außenaufnahmen dazu führt, dass viele Störgeräusche, wie beispielsweise Wind, aufgezeichnet werden. Vor diesem Hintergrund empfiehlt es sich, ein externes Mikrofon zu verwenden und dieses direkt mit der Kamera zu verbinden. Auf diese Weise erhalten Sie qualitativ hochwertige Tonaufnahmen, welche auch exakt zu den Bildern Ihre Online-Videos passen. Für einfache Anwendungszwecke und Ansprüche genügt es, ein externes *Ansteck-Mikrofon* oder *Headset* zu benutzen. Professionellere *dynamische Mikrofone* oder Studiomikrofone sind medial für glasklare Sprache oder auch Gesangsaufnahmen. Sie eignen sich für aufwendigere Videoproduktionen und genügen höchsten Ansprüchen. Verwenden Sie bei allen Mikrofonen stets einen Schaumstoffaufsatz, um Wind und andere Störgeräusche bei der Aufnahme zu vermeiden.

Es gehört heutzutage sprichwörtlich zum guten Ton, dass Ihre Online-Videos nicht nur über eine entsprechende Bild- sondern auch über eine entsprechende Audio-Qualität verfügen.

Beleuchtung: Ein ansprechendes Online-Video sollte nicht nur über eine entsprechende Bild- und Tonqualität verfügen, sondern auch gut ausgeleuchtet sein. Bei Außenaufnahmen können Sie in der Regel das natürliche Tageslicht ausnutzen, um dies zu gewährleisten. Aus diesem Grunde ist – ohne zusätzliches Equipment – von Videodrehs in den frühen Morgen- bzw. späten Abendstunden abzuraten. Wenn es um Innenaufnahmen geht, sollten Sie sicherstellen, dass ausreichend Tageslicht in den Raum fällt. Gegebenenfalls müssen Sie auf zusätzliche Lichtquellen, wie beispielsweise Deckenlampen oder indirekte Beleuchtung zurückgreifen. Sollte auch das nicht ausreichen, ist der Einsatz von zusätzlichen Videoleuchten mit LEDs, welche bereits ab 20 EUR erhältlich sind und die sowohl mit Batterien als auch mit Akku betrieben werden können, zu erwägen. Höchsten Ansprüchen in Bezug auf die Beleuchtung genügen Tageslichtlampen, welche zumeist im Set erhältlich sind. Für eine professionelle Ausleuchtung empfehlen sich drei Lichtquellen: Führungs-, Aufhell- und Gegenlicht (vgl. Abb. 7).

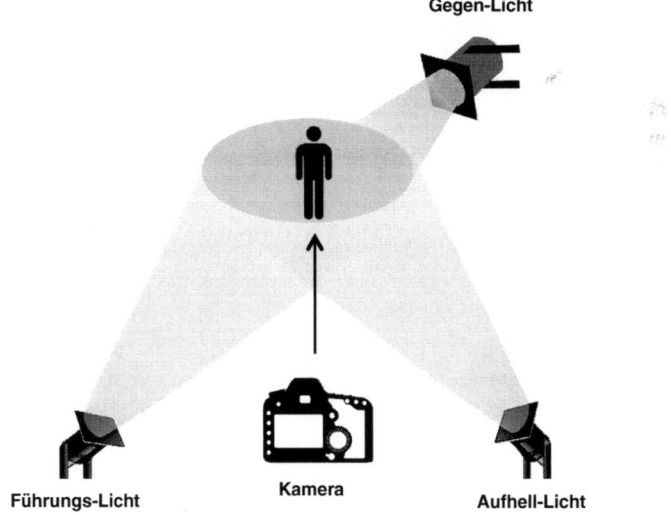

Abb. 7 Professionelle Ausleuchtung beim Videodreh

Einfach ansprechend – so gelingen Ihnen gute *YouTube*-Videos

Ein Patentrezept für erfolgreiche Online-Videos gibt es nicht, da jedes Unternehmen bzw. jeder Unternehmer auch unterschiedliche Strategien und Zielsetzungen damit verfolgt. Unabhängig davon möchten wir Ihnen im Folgenden die wichtigsten Erfolgsfaktoren für gute *YouTube-Videos* an die Hand geben. Diese einfachen aber höchst effektiven Tipps haben sich in der Praxis bewährt und werden Ihnen dabei helfen, das Erfolgspotenzial Ihrer Online-Videos nachhaltig zu steigern.

Der Wurm muss dem Fisch schmecken und nicht dem Angler: Bieten Sie Ihren Kunden einen echten Mehrwert, indem Sie die interne (Unternehmen-)Sichtweise verlassen und sich fragen, ob Sie als externer Zuschauer am Inhalt Ihres Videos interessiert wären und das Format und die Aufmachung ansprechend finden würden und zwar immer – wie oben bereits erwähnt – aus der Perspektive Ihrer Zielgruppe.

Eine adressatenspezifische Ausrichtung ist die Basis für erfolgreiche Online-Videos.

Storytelling: Erzählen Sie eine Geschichte in Form einer Anekdote oder spannende Handlungen, um eher im Gedächtnis zu bleiben als eine Auflistung von Fakten oder andere Formate.

Interaktion: YouTube ist kein eindimensionaler Kanal. Binden Sie Ihre Zuschauer in den Film ein, indem Sie interaktive Videos etwa in Form von integrierten Handlungsaufrufen produzieren.

Je deutlicher Sie Ihren Kunden einen echten Mehrwert in Verbindung mit Spannung und Interaktion bieten, desto schneller werden Ihre Aufrufzahlen wachsen.

Bleiben Sie standfest: Achten Sie auf einen sicheren Stand. Nutzen Sie gegebenenfalls ein Stativ, um ruckelfreie Aufnahmen zu gewährleisten.

Setzen Sie alles in rechte Licht: Starke Lichtquellen (z. B. die Sonne) sollten Sie im Rücken haben. Bei zu wenig Licht können Sie relativ einfach mit einer weißen Pappe oder einem Stück Styropor Licht reflektieren und so das Gesicht des Gefilmten aufhellen.

Waren Sie den guten Ton: Ein schlechter Ton verdirbt die besten Bilder. Drehen Sie das Mikrofon von störenden Hintergrundgeräuschen weg oder suchen Sie einen ruhigeren Ort.

Perspektive und Abwechslung: Nutzen Sie verschiedene Einstellungen, um dem Zuschauer Abwechslung zu bringen. Nehmen Sie hierzu ungewöhnliche Perspektiven auf, beispielsweise indem Sie die Kamera mal auf den Boden stellen oder nutzen Sie eine Drohne, um etwas von oben zu filmen.

Effekte und Animationen: Nutzen Sie Effekte und Animationen, um Ihr Video aufzulockern, beispielsweise können Sie durch Nutzung eines Zeitraffers Dynamik in den Film bringen. Sie können auch Elemente wie Schrift oder Formen animieren und so den Anfängen und Enden Ihrer Videos einen einheitlichen Look verleihen.

Optimale Bildauflösung und Toneinstellungen: Achten Sie beim Dreh darauf, stets die bestmögliche Auflösung einzustellen. Machen Sie sich keine Sorgen, dass die Datei unter Umständen zu groß wird und bei Usern lange Ladezeiten verursacht, denn je nach Endgerät und Internetverbindung des Zuschauers spielt *YouTube* das Video in einer geringerer Qualität ab. In diesem Zusammenhang ist auch zu beachten, dass moderne Fernsehgeräte, so genannte Smart-TVs, in immer mehr Haushalten zu finden sind und es ermöglichen, auf *YouTube* zuzugreifen sowie die entsprechenden Inhalte in hochauflösenden Format zu betrachten. Ideal ist daher entweder eine Aufnahme in Full HD (Full High Definition, übersetzt „volle Hochauflösung"), was einer Auflösung von 1080p (1920 × 1080 Pixeln) entspricht, oder Ultra HD, was etwa der vierfachen HDTV-Auflösung entspricht und deshalb auch als 4 K-Auflösung bezeichnet wird. Solche Aufnahmegerät keine derartige Auflösung unterstützen, achten sie auf ein Seitenverhältnis von 16:9 Widescreen, um zu verhindern das schwarze Balken neben Ihrem Video in *YouTube* zu sehen sind. Was die Audioeinstellungen anbetrifft, sollten sie ins Stereo aufnehmen und eine möglichst hohe Kbit/s-Rate sowie eine hohe Abtastrate verwenden, um entsprechend gute Ergebnisse zu erzielen.

Intros und Outros erstellen: Geben Sie Ihren Videos einen einheitlichen Anstrich und erhöhen Sie die Kohärenz in der Kommunikation, indem Sie für Ihre Videos entsprechende Intro- sowie Outro-Clips erstellen. Sie können hier eine Kombination aus Bildern und Texten mit entsprechender Animation, beispielsweise einem Übergangseffekt für das Ein- und Ausblenden eines Logos, wählen. Im Rahmen des Outro-Videos sollten Sie die Interaktion mit Ihren Zuschauern anregen. Bringen Sie hier zum Ausdruck, mit welchen Inhalten der Zuschauer nun weiterführend agieren kann. So können Sie zum Beispiel ein Standbild (auch Endcard genannt) nutzen, um in den letzten Sekunden Ihres

Videos die Kontaktaufnahme zu fördern. Platzieren Sie hier einfach eine Aufforderung zur Kontaktaufnahme zusammen mit Ihren Kontaktdaten wie Website oder E-Mail-Adresse. Sie haben auch die Möglichkeit, weitere Videos anzuteasern, indem Sie beispielsweise eine kleine Vorschau integrieren. Bitte beachten Sie, dass entsprechende Intro- bzw. auf Outro-Clips nicht länger als maximal 30 s lang sein sollten.

Nachdem die Dreharbeiten erfolgreich abgeschossen worden sind müssen Sie, bevor das Video auf *YouTube* hochgeladen wird, Ihren Filmen den letzten Schliff geben. Dies geschieht in der Phase der *Nachbearbeitung* bzw. *Postproduktion.*

Überzeugen Sie mit perfekter Video-Postproduktion

In der so genannten Nachbearbeitungs- oder Postproduktionsphase werden die ursprünglichen Konzeptionen für die Produktion final realisiert und Ihr Video so professionalisiert.

Die gute Nachricht gleich vorweg: Für die Nachbereitung Ihrer Online-Videos ist keine spezielle Ausbildung erforderlich. Auch die entsprechende Software zur Videobearbeitung ist entweder kostenfrei oder relativ preiswert erhältlich. Zumeist befindet sich ein solches Programm auch standardmäßig auf Ihrem PC oder Laptop. Lesen Sie sich in das Thema ein und erkundigen Sie sich vor der Verwendung, ob Bedienung und Funktionsumfang der entsprechenden Software für Ihr Vorhaben ausreichend sind.

Für Einsteiger und entsprechend einfache Ansprüche liefert *YouTube* einen in der Plattform integrierten *Video-Editor.* In kurzer Zeit und ohne große Vorkenntnisse können Sie mit diesem browserbasierten Programm Ihre Online-Videos optimieren. Grundvoraussetzung ist zunächst einmal der erfolgreiche Upload Ihrer Videos. Klicken Sie hierfür auf der *YouTube-Startseite* auf die Schaltfläche *„Video Hochladen".* Anschließend haben Sie grundsätzlich folgende Möglichkeiten (vergleichen Sie hierzu auch Abb. 8):

1. *Dateien für Upload auswählen:* Diese Funktion ist auszuwählen, wenn Sie eine Videodatei von einem Speichermedium, dem Laptop oder PC hochladen möchten. Achten Sie in diesem Zusammenhang unbedingt darauf, Ihr Video beim Upload nicht auf *„öffentlich"* zu stellen um zu verhindern, dass das ungeschnittene und unbearbeitete Video für Zuschauer auf *YouTube* zu sehen ist. Wählen Sie deshalb entweder die Einstellung „nicht gelistet", „privat" oder „geplant": Als *„nicht gelistet"* gekennzeichnete Videos können nur von Nutzern gesehen werden, welche den Link zum Video haben. In öffentlichen Bereichen wie zum Beispiel der Kanalseite werden diese Videos nicht

Abb. 8 Upload-Möglichkeiten für Ihr *YouTube-Video*

angezeigt. Wenn allerdings jemand, welche den Link kennt, diesen weiterleitet, kann das Video verbreitet werden. Ist ein Video als *„privat"* gekennzeichnet kann es nur von bis zu 50 eingeladenen Nutzern angesehen werden. Solche Videos erscheinen weder im Kanal noch in den Suchergebnissen oder Playlists. Wenn Sie diese Funktion auswählen erscheint ein neues Eingabefeld, in welches Sie die *YouTube-Nutzernamen* oder E-Mail-Adressen von Usern eingeben können, mit denen Sie das Video teilen wollen. Entscheiden Sie sich für die Auswahl *„geplant"* können Sie angeben, wann das Video veröffentlicht werden soll. Dies ist eine hilfreiche Funktion, wenn Sie beispielsweise zum vorgesehenen Zeitpunkt der Veröffentlichung verhindert sind oder zum Beispiel eine Sperrfrist beachten müssen. Sie können diese Einstellung auch noch vornehmen, nachdem Sie ein Video hochgeladen haben. Allerdings müssen Sie dann damit rechnen, dass Ihr Video für kurze Zeit öffentlich ist und vor allem von Ihren Abonnenten angeschaut werden kann.

2. *Videos importieren:* Mit dieser Funktion lassen sich Videos importieren, die Sie in *Google Fotos* gespeichert haben.
3. *Live Streaming:* Diese Funktion ermöglicht es Ihnen, in Echtzeit mit Ihren Zuschauern zu interagieren.
4. *Diashow:* Statische Fotos können auch zu Videos werden. Mit der Diashow können Sie aus einzelnen Bildern eine ansprechende Diashow erstellen. Dies kann beispielsweise für Impressionen von einer Messe ein geeignetes Format sein.
5. *Video-Editor:* Als letzten Punkt finden Sie den besagten Video-Editor.

Nach Auswahl des Video-Editors haben Sie folgende Auswahlmöglichkeiten und Optionen (vergleichen Sie hierzu auch hierzu auch Abb. 9):

1. *Videos suchen:* Um die einzelnen Elemente ihres finalen Online-Videos zusammenzustellen, geben Sie im Video-Editor einfach im Suchfeld den Namen der Videodatei ein, welche Sie im Vorfeld hochgeladen haben (Nummer 1 in der Abb. 9).
2. *CC: Creative Commons-Videos:* Mit *Creative Commons-Lizenzen* können Videokünstler anderen Personen die Nutzung ihrer Werke gestatten. Auf *YouTube* können Sie diese Videos suchen und auch zu kommerziellen Zwecken verwenden.
3. *Fotos hinzufügen:* Über das kleine Kamerasymbol können Sie auch Fotos zu Ihrem Video hinzufügen.
4. *Musik hinzufügen:* Über das Notensymbol können Sie Musik zu Ihrem Video hinzufügen.
5. *Drag & Drop:* Alternativ zur Betätigung der Icons können Sie die Videos, Bilder und Musikstücke auch per Drag & Drop-Funktion auf die Zeitachse ziehen.
6. *Übergänge zwischen Videos:* Nach Auswählen des entsprechenden Symbols können Sie per Drag-&-Drop-Funktion verschiedene Übergänge zwischen einzelnen Videoelementen festlegen.

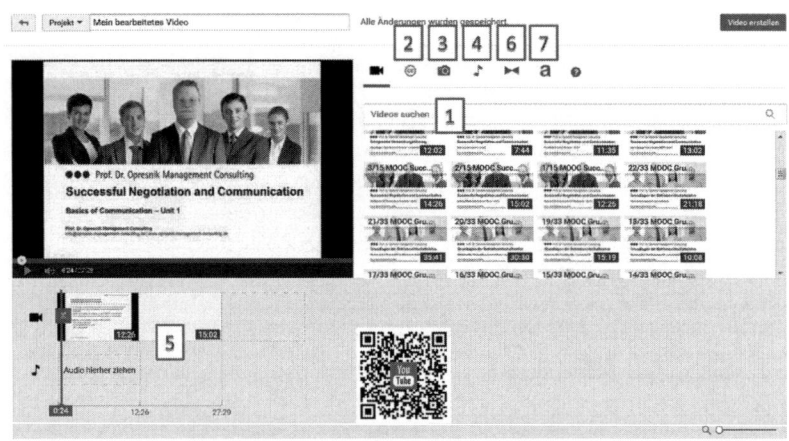

Abb. 9 Zusammenstellen von Elementen für Ihr *YouTube-Video.* (Quelle: https://www.youtube.com/c/MarcOliverOpresnik, Zugegriffen: 05.04.2016)

7. *Titel hinzufügen:* Über diese Funktion lassen sich den einzelnen Video-Elementen entsprechende Titel hinzufügen.

Nachdem Sie Ihr Video gegebenenfalls aus mehreren einzelnen Filmen und Bildern sowie der entsprechenden Musik zusammengestellt haben, können Sie die Filme zuschneiden und verlängern, Effekte anpassen und hinzufügen sowie Musik hinzufügen und die Lautstärke anpassen.

Videos zuschneiden, verlängern und zerschneiden: Auf der Zeitachse lassen sich die einzelnen Elemente kürzen oder verlängern. Bewegen Sie dazu die Maus ganz einfach über die äußeren Kanten des Videos. Indem Sie nun mit gedrückter Maustaste den Cursor nach innen ziehen – also zur Mitte des Videos – verkürzen Sie die Länge des Clips. Zum Verlängern ziehen Sie die Griffe von der Mitte des Videos weg nach außen. Wenn Sie das Video über die Originallänge hinaus verlängern, wird es wiederholt.

Sie können den Clip auch in einzelne Teile zerschneiden. Bewegen Sie hierzu die Maus über dem Video und klicken auf das Scheren-Symbol, um die Markierung zum Zerschneiden einzublenden. Verschieben Sie die Markierung an die Stelle, an der Sie den Clip zerschneiden möchten und klicken Sie auf die Scheren-Schaltfläche.

Effekte anpassen und hinzufügen: Wie bereits erwähnt können Sie auch Effekte in Ihr Video integrieren. Nach Auswahl des entsprechenden Clips öffnet sich die Bearbeitungsfläche (vergleichen Sie hierzu die Abb. 10), in welcher Sie folgende Aktionen durchführen können:

1. *Videoverbesserungen: Automatische Bildkorrektur, Helligkeit und Kontrast, Schwenken & Zoomen sowie Video stabilisieren:* Mit diesen Effekten können Sie Ihre Online-Videos noch ansprechender gestalten und etwaige Produktionsfehler ausmerzen bzw. minimieren.

2. *Zeitlupe:* Mit dieser Funktionen lassen sich bestimmte Szenen in der Abspieldauer verlangsamen.

3. *Rotation:* Mit dieser Funktion können Sie Ihr Video um jeweils 90° drehen.

4. *Filter:* Durch Auswahl dieses Effektes können Sie Ihrem Video einen anderen Look geben, indem Sie ihn einfach per Auswahlfunktion mit einem Schwarz-Weiß-Filter versehen.

5. *Text:* Hiermit wenden Sie ein Text-Overlay auf den Clip an. Dadurch können Sie Ihrem Video in diesem Bereich zum Beispiel Erklärungen oder Definitionen hinzufügen.

Abb. 10   Effekte anpassen und hinzufügen

6. *Audio:* Auch wenn sie bei der Aufnahme Ihres Videos darauf geachtet haben, dass die Aufnahmelautstärke gut war, kann es durchaus passieren, dass der Ton im fertigen Video doch zu leise oder auch zu laut ist. An dieser Stelle haben Sie u. a. die Möglichkeit, die Lautstärke sowie Bass und Höhen anzupassen. Auch an dieser Stelle ist es durch Auswahl des Musiknoten-Icons auf der Zeitachse möglich, Ihrem Video Musik hinzuzufügen (vergleichen sie hierzu bitte Abb. 9).

Wir raten Ihnen, alle Effekte einmal auszuprobieren und Erfahrungen damit zu sammeln und anschließend zu entscheiden, welche Effekte für welche Videos mit welcher Zielsetzung einsetzen wollen.

Videos auf *YouTube* hochladen

Nachdem Sie alle Bearbeitungen im Rahmen der Nachbearbeitung zu Ihrer Zufriedenheit abgeschlossen haben, können Sie durch Auswahl der Funktion *„Video erstellen"* den Upload-Prozess starten. In einem Balken wird angezeigt, zu wie viel Prozent der Upload Ihres Videos fortgeschritten ist (vergleichen Sie hierzu bitte die Abb. 11).

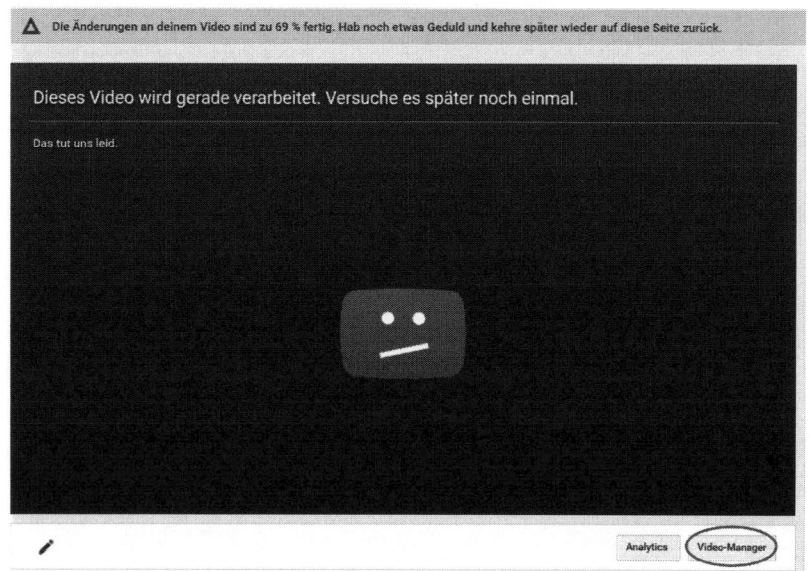

Abb. 11 Statusanzeige der Video-Verarbeitung durch *YouTube*

Sobald die Verarbeitung abgeschlossen ist erscheint der Film mit dem Titel *„Mein bearbeitetes Video"* im entsprechenden Videofenster. Gegebenenfalls müssen Sie hierzu die Seite im Browserfenster aktualisieren. Anschließend können Sie den *„Video-Manager"* von *YouTube* durch Klicken des gleichnamigen Buttons unterhalb Ihres Videofensters (vergleichen Sie hierzu bitte die Abb. 11) aufrufen, um Ihre Online-Videos mittels aussagekräftiger Titel, Beschreibungstexte, Thumbnails, Infokarten, Untertiteln und sonstiger Einstellungen zu optimieren.

Das Wichtigste in Kürze

- Der zusätzliche Aufwand, welche ein Storyboard mit sich bringt, macht sich durch einen beschleunigten Produktionsprozess mehr als bezahlt.
- Überlegen Sie genau, welche Art von Video am besten zu Ihrem Unternehmen, Ihrer Zielsetzung und Ihrer Strategie passt, da jeder Typ eine andere Wirkung hat.

- Damit Ihre Videos eine ansprechende Qualität ausstrahlen – und somit auch Ihr Unternehmen oder Sie selbst – benötigen Sie ein passendes Gesamtpaket aus Kamera, Ton und Licht.
- Es gehört heutzutage sprichwörtlich zum guten Ton, dass Ihre Online-Videos nicht nur über eine entsprechende Bild- sondern auch über eine entsprechende Audio-Qualität verfügen.
- Eine adressatenspezifische Ausrichtung ist die Basis für erfolgreiche Online-Videos.
- Je deutlicher Sie Ihren Kunden einen echten Mehrwert in Verbindung mit Spannung und Interaktion bieten, desto schneller werden Ihre Aufrufzahlen wachsen

Der letzte Schliff – Videos erfolgreich optimieren

7

Vor dem Hintergrund des bereits erwähnten Umstandes, dass *YouTube* die zweitgrößte Suchmaschine der Welt darstellt ist es unerlässlich, Ihre Videos im Rahmen einer effektiven *Suchmaschinenoptimierung (Search Engine Optimizing)* besser auffindbar zu machen. Unter Suchmaschinenoptimierung versteht man dabei alle Maßnahmen, welche der Verbesserung des Rankings in den entsprechenden Suchmaschinen dienen. *Google, Bing* und *Yahoo* & Co. ermitteln die Suchergebnisseiten anhand spezifischer Kriterien und bewertet jede Website entsprechend. Je besser diese Bewertung ausfällt, desto prominenter wird die entsprechende Website angezeigt. Die Ergebnisseiten der Suchmaschinen teilen die Resultate dabei in bezahlte Suchergebnisse und organische Suchergebnisse auf. Ziel der Suchmaschinenoptimierung ist es nun, Websites oder bestimmte Zielseiten in die organischen Suchergebnisse zu bekommen. Obgleich nicht exakt bestimmt werden kann, welche Faktoren mit welcher Gewichtung das Ranking determinieren, können doch grundlegende Hinweise diesbezüglich gegeben werden. Videotitel, Beschreibung sowie aussagekräftige Schlagwörter sind nur einige von vielen Bewertungskriterien, welche Ihr Video und die entsprechende Seite betreffen.

Vor diesem Hintergrund wollen wir in den folgenden Abschnitten darstellen, welche Stellhebel Ihnen zur Verfügung stehen, um Ihre Videos im Rahmen einer effektiven Suchmaschinenoptimierung besser auffindbar zu machen. Grundsätzlich können dabei Optimierungen, welche die Seite selbst betreffen *(OnPage-Optimierung)* und solche fernab der eigentlichen Website *(OffPage Optimierung)* unterschieden werden. Zunächst einmal wenden wir uns im Folgenden den Möglichkeiten zu, welche Ihnen im Rahmen der *OnPage-Optimierung* auf *YouTube* zur Verfügung stehen.

M.O. Opresnik und O. Yilmaz, *Die Geheimnisse erfolgreichen YouTube-Marketings*, Geheimnisse des Erfolgs, DOI 10.1007/978-3-662-50317-1_7

OnPage-Optimierung von Videos auf YouTube

Nach erfolgtem Upload auf *YouTube* und der entsprechenden Verarbeitung sowie der Aktivierung des *Video-Managers* zeigt Ihnen das Programm alle hochgeladenen Videos in Listenform. Wählen Sie nun die Funktion „Bearbeiten", um Ihr Video erfolgreich zu optimieren und ihm den letzten Schliff zu verpassen. Es erscheint das in der Abb. 1 gezeigte Fenster.

Hier stehen Ihnen grundsätzlich die nachstehenden Optimierungs-Optionen zur Verfügung.

1. *Video-Titel:* Der Titel Ihres Videos taucht künftig als Überschrift in den Google-Suchergebnislisten, in YouTube-Playlisten und auf anderen Suchergebnisseiten auf.

> Der Titel Ihres Videos ist das Fundament für Ihren Erfolg.

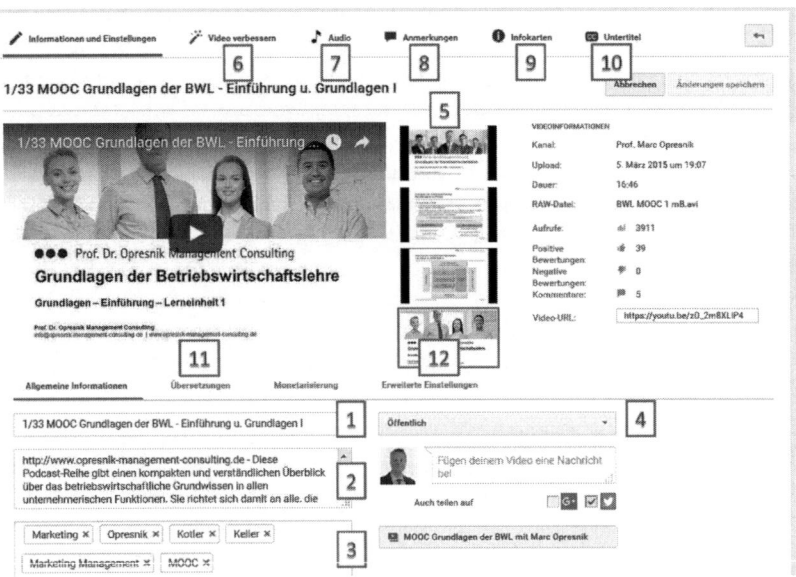

Abb. 1 Bearbeitungsfenster des Video-Managers von *YouTube*. (Quelle: https://www.youtube.com/c/MarcOliverOpresnik, Zugegriffen: 05.04.2016)

Überlegen Sie sich daher einen aussagekräftigen Titel, welcher neugierig macht und der Begriffe enthält, welche Ihren Zuschauern das Thema des Films verraten. Da der Titel großen Einfluss auf die Auffindbarkeit des Videos durch Suchmaschinen hat, sollte er auch die Suchbegriffe und Keywords enthalten, bei denen das Video künftig gefunden werden soll. In diesem Zusammenhang ist es sinnvoll, die richtigen Worte direkt an den Anfang des Titels zu schreiben, damit die Suchmaschinen und Ihre Nutzer schnell erfassen, worum es in Ihrem Video geht. Da diese Keywords bzw. Schlagwörter eine bedeutende Basis für eine gute Auffindbarkeit Ihrer Videos darstellen und sie nicht nur im Titel sondern auch in einem separaten Eingabefeld (Ziffer 3 in Abb. 1) angegeben werden, sollten Sie sich ausreichend Zeit nehmen, um die richtigen Begriffe zu finden. Eine gute Unterstützung in diesem Kontext bietet *YouTube* selber, da die Plattform helfen kann, geeignete von weniger geeigneten Suchbegriffen zu unterscheiden. Der große Vorteil dabei ist, dass sie nachvollziehen können, welche Wortkombinationen ausschließlich bei *YouTube* gesucht werden. Geben Sie hierzu einfach Ihre Keywords in das entsprechende *YouTube-Suchfeld* ein. Die sogenannte *Suggest-Funktion* (Vorschlags-Funktion) zeigt Ihnen dann Suchanfragen an, welche in diesem Zusammenhang bereits häufig gestellt worden sind. Zusätzlich zu diesem Schritt können Sie auch geeignete Keywords finden wenn Sie recherchieren, welche entsprechenden Schlagwörter Ihre Mitbewerber einsetzen, beispielsweise im Videotitel sowie den entsprechenden Beschreibungstext. Eine weitere Möglichkeit, geeignete Keywords zu identifizieren bietet *Google Trends* (https://www.google.de/trends/). Hier werden Informationen darüber bereitstellt, welche Suchbegriffe von Nutzern der Suchmaschine *Google* wie oft eingegeben wurden. Die Ergebnisse werden dabei in Relation zum totalen Suchaufkommen gesetzt und sind in wöchentlicher Auflösung für die gesamte Welt oder einzelne Regionen verfügbar. Ebenso wie *YouTube* stellt auch *Google* eine *Suggest-Funktion* (auch „*Google Autocomplete*" genannt) zur Verfügung, welche Nutzern schon beim Eingeben der ersten Buchstaben passende Keywords beziehungsweise Keyword-Kombinationen anzeigt. Laut *Google* handelt es sich dabei um die im entsprechenden Kontext meistgenutzten Suchbegriffe. Darüber hinaus gibt es im Internet zahlreiche weitere Tools, welche Sie durch eine einfache Suche leicht ermitteln können, auf die aber an dieser Stelle aus Platzgründen nicht näher eingegangen werden kann. An dieser Stelle weisen wir ausdrücklich darauf hin, dass generische Keywords, die nicht zum Videoinhalt passen, nicht hilfreich sondern eher hinderlich sind.

Nachdem Sie entsprechende Keywords festgelegt haben, welche das Thema Ihres Videos vorgeben, haben Sie Platz, um den Videoinhalt weiter zu spezifizieren. Hier können zum Beispiel fortlaufende Nummern ergänzt werden, sofern Sie mehrere Videos zu einem Thema verfassen. Eine andere Möglichkeit stellen Handlungsaufforderungen dar, welche hier integriert werden können (beispielsweise „jetzt ansehen", „hier lernen" etc.). Beschränken Sie sich hinsichtlich der Länge auf einen Titel, der inklusive Lehrstellen ca. 50 Zeichen lang ist, um den Platz optimal auszunutzen und sicherzustellen, dass der Titel bei *Google* und in der *YouTube-Suche* vollständig dargestellt wird (vergleichen Sie hierzu bitte auch Abb. 2).

2. *Video-Beschreibung:* Unterhalb Videos haben Ihre Zuschauer die Möglichkeit, Hintergrundinformationen zu Ihren Filmen anzusehen.

> Neben dem Titel ist die Video-Beschreibung von zentraler Bedeutung im Rahmen der Video-Optimierung, da dieser Bereich sowohl für Nutzer als auch für Suchmaschinen wichtige Informationen zum Thema des Videos beinhaltet.

Neben der reinen Auflistung von Informationen und Details, welche in Ihrem Video angesprochen werden sollten Sie in der Beschreibung auch einen thematischen Hintergrund umreißen. Achten Sie bei der Videobeschreibung darauf, dass die Keywords, mit denen Ihr Video gefunden werden soll, ausreichend in dem entsprechenden Feld vorkommen. Versuchen Sie mit der Beschreibung auch, das Interesse Ihrer Nutzer zu wecken, so dass sie neugierig auf das Video werden. Der Titel Ihres Videos bildet die Überschrift in den Suchmaschinen-Ergebnissen. Die entsprechende Beschreibung bildet die beiden Textzeilen darunter. Auf diese Weise beeinflusst die Beschreibung des Videos die Darstellung in den Suchergebnissen! Daher gilt das oben bereits in Bezug auf den Titel Gesagte: Setzen Sie das Wichtigste an den Anfang, da nur die ersten Zeichen Ihrer Beschreibung als Text unter dem Videotitel im Rahmen der Suchmaschinenergebnisse angezeigt werden. In diesem

1/22 MOOC Grundlagen des Marketing - Philosophie u ...
https://www.youtube.com/watch?v=svJuMRBPzQY
15.02.2015 - Hochgeladen von Prof. Marc Opresnik
http://www.opresnik-management-consulting.de/ - Diese Massive
▶ 9:50 Open Online Course Reihe ...

Abb. 2 Darstellung von Video-Titel und Beschreibung in Suchmaschinenergebnissen

Zusammenhang gilt ausnahmsweise einmal Quantität vor Qualität: Je mehr Inhalte Sie nämlich *YouTube* und *Google* sowie anderen Suchmaschinen zur Verfügung stellen, desto größer ist die potenzielle Auffindbarkeit Ihrer Videos. Um ein größeres Publikum zu erreichen, können Sie in diesem Zusammenhang auch überlegen, Ihre Beschreibung aufzuteilen und sowohl deutschen als auch englischen oder anderssprachigen Text zu integrieren.

Nutzen Sie an dieser Stelle auf jeden Fall die Möglichkeit, Links zu Webseiten einzubauen. Obgleich die im Beschreibungstext enthaltenen Links sich nicht allzu stark auf das Ranking Ihrer Webseiten ausprägen erhalten Ihre Interessenten einen direkten Zugang zu Ihrer Homepage. Setzen Sie daher den Link direkt an den Anfang Ihres Beschreibungstext es, da dieser dann bereits im Rahmen der Suchmaschinenergebnisse gezeigt, beachtet oder gar angeklickt wird (vergleichen Sie hierzu bitte auch die Abb. 2).

3. *Tags: YouTube-Keywords* werden auch als *Tags* bezeichnet, welche in jedem Video angegeben werden können, um die Inhalte und den thematischen Rahmen zu umreißen. Setzen Sie hier – wie schon beim Video-Titel und der Beschreibung – relevante Suchbegriffe ein, bei welchen Ihr Video gefunden werden soll. Auch Synonyme und alternative Schreibweisen sollten hier in entsprechenden Kombinationen aufgelistet werden. Zusätzlich können Sie allgemeine Schlagworte ergänzen, welche Ihr Video einer Themenrichtung zuordnen. Auch Ihr Kanal-, Unternehmens- oder Markenname sollten hier als Text eingefügt werden. Wie bereits weiter oben angemerkt, sollten Sie auch hier die potenzielle Reichweite Ihrer Videos erhöhen, indem Sie zusätzlich zu den deutschen auch die entsprechenden englischen Begriffe eintragen.

Neben der Optimierung und besseren Auffindbarkeit Ihrer Videos können Sie über die Tags auch spezielle Funktionen beim Abspielen der Filme hervorrufen. Obgleich diese keinerlei Einfluss auf das Ranking haben, können Sie hilfreich in Bezug auf die Darstellung und das Format Ihrer Videos sein:

- *yt:quality = high:* Durch diese Eingabe wird Ihr Video standardmäßig in hoher Qualität abgespielt.
- *yt:crop = 16:9:* Diese Funktion zoomt Ihre Inhalte auf das 16:9-Format und entfernt gegebenenfalls die schwarzen Balken rund um das Video.
- *yt:stretch = 16:9:* Hiermit werden amorphe Inhalte durch Skalierung auf 16:9 korrigiert.
- yt:stretch = *4:3:* Laden Sie Videos mit dem Seitenverhältnis 4:3 hoch, werden sie standardmäßig in den 16:9-Player eingepasst und unter Umständen verzerrt dargestellt. Dies können Sie mit diesem Tag verhindern.

4. *Datenschutzeinstellungen*: In diesem Bereich können Sie einstellen, ob Ihr Video *„öffentlich"*, *„nicht gelistet"* oder *„privat"* sein soll (vergleichen Sie hierzu die diesbezüglich gemachten Anmerkungen weiter oben).

5. *Thumbnail/Vorschaubild:* Standardmäßig bietet Ihnen *YouTube* drei Videovorschaubilder zur Auswahl in diesem Bereich an. Die Videoplattform wählt diese Bilder zumeist aus dem ersten Viertel, der Mitte und dem letzten Viertel des Films aus. Wenn Sie Ihren Kanal verifiziert haben (vergleichen Sie hierzu die Ausführungen in Kap. 4) haben Sie auch die Möglichkeit, ein individuell erstelltes Vorschaubild als Grafik hochzuladen. Machen Sie sich diese Mehrarbeit, denn die Erfahrung zeigt, dass die von *YouTube* vorgeschlagenen Vorschaubilder in der Regel suboptimal sind. Sie haben auf diese Weise auch die Möglichkeit, Ihren Videos im Sinne Ihrer *Corporate Identity* einen einheitlichen Look zu verleihen. Dieses kleine Bild stellt für viele Nutzer von *YouTube* ein Entscheidungskriterium dar. Ziel ist es, mit einem ansprechenden und aussagekräftigen Vorschaubild in der Ergebnisliste von *YouTube* ins Auge zu stechen.

> Ein attraktives Video-Vorschaubild ist ein entscheidender Faktor, die Aufrufzahlen zu erhöhen.

6. *Video verbessern:* Wie der *Video-Editor* bietet auch der *Video-Manager* Möglichkeiten zur Verbesserung Ihrer Videos. Hier können Sie im Rahmen einer *„Schnellkorrektur"* eine *„Automatische Bildkorrektur"* vornehmen, oder das Video *„Stabilisieren"*. Auch andere – zum Teil aus dem Editor bekannte Effekte und Korrekturen – wie *„Aufhellen"*, *„Kontrast"*, *„Sättigung"*, *„Farbtemperatur"*, *„Zeitlupe"*, *„Zeitraffer"* und eine *„Drehfunktion"* sowie *„Schnittfunktion"*, stehen an dieser Stelle zur Verfügung. Sie können diesen Bereich auch wieder einen *„Filter"* über Ihre Videos liegen und somit die Farben der Bilder ändern. Schließlich haben Sie hier noch die Möglichkeit, bestimmte Bildbereiche wie beispielsweise Gesichter, unkenntlich zu machen.

7. *Audio:* Auch die Funktion, Ihr Video mit Musik zu unterlegen kennen Sie bereits aus dem *Video-Editor*.

8. *Anmerkungen:* Mit dieser Funktion können Sie sogenannte *Layer,* das heißt Flächen, welche über Ihren Filmen eingeblendet werden, in ihren Videos integrieren. Aber Achtung: Nicht alle Anmerkungen funktionieren auf allen Endgeräten. Infocards sind für alle Devices optimiert. Einfache Anmerkungen funktionieren nicht auf mobilen Endgeräten. Da inzwischen durchschnittlich mehr als 50 % der Abrufe von mobilen Endgeräten kommen ist das ein wichtiger Faktor.

Die Anmerkungsfunktion ist von entscheidender Bedeutung, da diese zusätzlichen Einblendungen den Vorteil haben, dass sie anklickbar sind und verlinkt werden können.

Auf diese Weise können Sie Ihre Zuschauer direkt im Film zur Interaktion bewegen (beispielsweise durch einen Klick auf ihre Website), die Abonnentenzahlen steigern (zum Beispiel durch eine Verlängerung auf „Kanal abonnieren") und Verlinkungen zu Ihren anderen Videos integrieren. Fordern Sie durch Anmerkungen Ihre Zuschauer vor allem auch dazu auf, Kommentare und Bewertungen zu Ihren Videos zu hinterlassen, da die Entwicklung der Abonnenten, die Anzahl der Kommentare sowie die entsprechenden Bewertungen wichtig für die Auffindbarkeit Ihres Kanals Ihrer Videos bei *Google* und *YouTube* sind. Nutzen Sie diese wichtige Möglichkeit zur Optimierung Ihrer Videos! Achten Sie darauf, die Anmerkungen dort zu platzieren, wo sie dem Nutzer den größten Mehrwert bringen.

Grundsätzlich stellt Ihnen *YouTube* folgende Typen von Anmerkungen zur Verfügung:

- *Sprechblasen* und *Hinweise:* Diese Anmerkungen unterscheiden sich nur in ihrer Form. Für spielerische Videos und Thematiken eignen sich eher Sprechblasen, für seriösere Produktionen sollten Sie besser Hinweise verwenden.
- *Titel:* Dieser Eintrag ist für Sie eher zweitrangig, da Sie in der Regel schon einen Titel für Ihr Video festgelegt haben.
- *Spotlight* und *Label:* Hierüber können Sie bestimmte Elemente in ihrem Video einrahmen. Wird dieser Rahmen sichtbar erscheint ein Text als Overlay, aber nur wenn der Cursor über die entsprechende Stelle fährt. Auf diese Weise können Sie beispielsweise bestimmte Produkte einrahmen, wenn Sie im Video zu sehen sind, und entsprechende Zusatzinformationen vermitteln.

Möchten Sie beispielsweise eine Sprechblase oder einen Hinweis einfügen, öffnet sich im Videofenster ein entsprechendes Textfeld, in welchem Sie Ihre Botschaft eintragen können. Dieses Feld lässt sich dabei in der Größe und Position verändern. In der entsprechenden Zeitleiste können Sie genau festlegen, wann und wie lange die Sprechblase eingeblendet werden soll. Nutzen Sie in diesem Zusammenhang auf jeden Fall die Möglichkeit, das Kästchen „*Link*" zu markieren. Danach haben Sie folgende Möglichkeiten der Verlinkung:

- *Video:* Ein Link auf ein anderes *YouTube*-Video auf Ihrem Kanal empfiehlt sich dann, wenn es sich hierbei um thematisch verwandte oder weiterführende Filme handelt.
- *Playlist:* Wenn Sie eine Playlist angelegt haben, welche zum Thema des angesehenen Videos passt, ist ein Link auf diese an dieser Stelle sinnvoll.
- *Kanal:* Wenn sie eine hohe Abonnentenzahl anstreben, kann eine Weiterleitung auf Ihren Kanal eine effektive und effiziente Maßnahme darstellen.
- *Google+ Profil/Seite:* Sofern Sie auf *Google+* stark engagiert sind, macht eine Weiterleitung auf Ihr entsprechendes Profil dort Sinn.
- *Abonnieren:* Auch dieser Link kann geeignet sein, die Abonnentenzahl Ihres Kanals zu erhöhen.
- *Crowdfunding-Projekt:* Sie können auch einen Link nutzen, um Zuschauer auf Wohltätigkeitswebsites umzuleiten.
- *Verknüpfte Website:* An dieser Stelle können Sie einen Link zu einer Website einbinden.
- *Merchandise:* Zu guter Letzt haben Sie noch die Möglichkeit, mit Merchandising-Anmerkungen Ihre lizenzierten Waren direkt in Ihren Videos zu bewerben.

9. *Infokarten:* Mit Infokarten können Sie Ihren Videos interaktive Optionen hinzufügen. Infokarten leiten Zuschauer zu einer bestimmten URL aus einer Liste zulässiger Websites weiter und enthalten je nach Infokartentyp benutzerdefinierte Bilder, Titel und Aufrufe zum Handeln (Calls-to-Action). Vergleichbar der oben beschriebenen Anmerkungsfunktion haben Sie auch hier wieder verschiedene Typen zur Auswahl:

- *Video- oder Playlist-Infokarten:* Hier können Sie einen Link zu anderen öffentlichen Videos oder Playlists bereitstellen, für die sich Ihre Zuschauer interessieren könnten. Sie können auch einen Link zu einer bestimmten Stelle in einem Video oder zu einem bestimmten Video in einer Playlist bereitstellen, indem Sie direkt eine Video- oder Playlist-URL eingeben.
- *Kanal-Infokarten:* Hier können Sie einen Link zu einem Kanal bereitstellen, welche Sie Ihren Zuschauern empfehlen möchten.
- *Infokarten für verknüpfte Websites:* Damit fügen Sie Ihrem Video einen direkten Link zu Ihrer verknüpften Website hinzu. Sie müssen Ihrem Konto zuvor eine verknüpfte Website hinzufügen, um diese Infokarte verwenden zu können.

10. *Untertitel:* Mit dieser Funktion ermöglicht es Ihnen *YouTube* nach Festlegung der Videosprache entsprechende Untertitel in 17 weiteren Sprachen automatisch generieren zu lassen. Obgleich diese Spracherkennung schon recht gut funktioniert, werden leider immer wieder Sätze zu falschen Aussagen transkribiert. Prüfen Sie daher im Bearbeitungsmodus auf jeden Fall über das automatische Transkript von *YouTube* und korrigieren Sie es gegebenenfalls. Als Alternative können Sie auch eigene Dateien hochladen und anstelle der automatisch generierten Texte verwenden.

Der Aufwand lohnt sich, denn ein korrigierter Text zum Video macht es für *YouTube* noch deutlicher, welche Keywords, Schlagworte und Begriffe darin vorkommen. Auch dies trägt letztendlich zu einer verbesserten Auffindbarkeit Ihrer Videos bei.

11. *Übersetzungen:* Mit dieser neuen Funktion lassen sich professionelle Übersetzungen für Videos, Titel und Beschreibungen anfordern. Mit übersetzten Untertiteln, Titeln und Beschreibungen Ihrer Videos können Sie ein größeres, internationales Publikum ansprechen. Im Video-Manager haben Sie diesbezüglich die Möglichkeit, Preise von verschiedenen Agenturen zu vergleichen und Übersetzungen in Auftrag zu geben.

12. *Erweiterte Einstellungen:* Über diesen Reiter können Sie für jedes Video einzeln festlegen, ob Sie Kommentare zum Video zulassen möchten und ob andere die Bewertungen zu Ihrem Video sehen können. Auch die Lizenzen und Eigentumsrechte können Sie an dieser Stelle festlegen. Ein Überblick hinsichtlich der möglichen Einstellmöglichkeiten gibt Ihnen die Abb. 3.

Machen Sie an dieser Stelle auch Angaben zum Aufnahmedatum sowie Aufnahmeort Ihrer Videos – die sind weitere Faktoren, welche die Auffindbarkeit Ihrer Filme erhöhen können. Dies ist insbesondere dann von Bedeutung, wenn Nutzer im Rahmen der Suche nicht nur nach einem Thema sondern auch nach einem Ort suchen.

Da Sie in der Regel daran interessiert sind, dass Ihr Video so viel wie möglich im Internet verbreitet wird, empfiehlt es sich an dieser Stelle, anderen Nutzern zu erlauben, Ihr Video entsprechend einzubetten. Andererseits müssen Sie abwägen, ob und in welcher Form dadurch ein potenzieller Missbrauch erfolgen könnte.

Die anderen Einstellungen in diesem Menü sind in den meisten Fällen korrekt voreingestellt. Natürlich wollen Sie Abonnenten automatisch benachrichtigen, wenn Sie ein neues Video hochgeladen haben. Kommentare sollten Sie uneingeschränkt zu lassen, auch wenn sie kritisch sind.

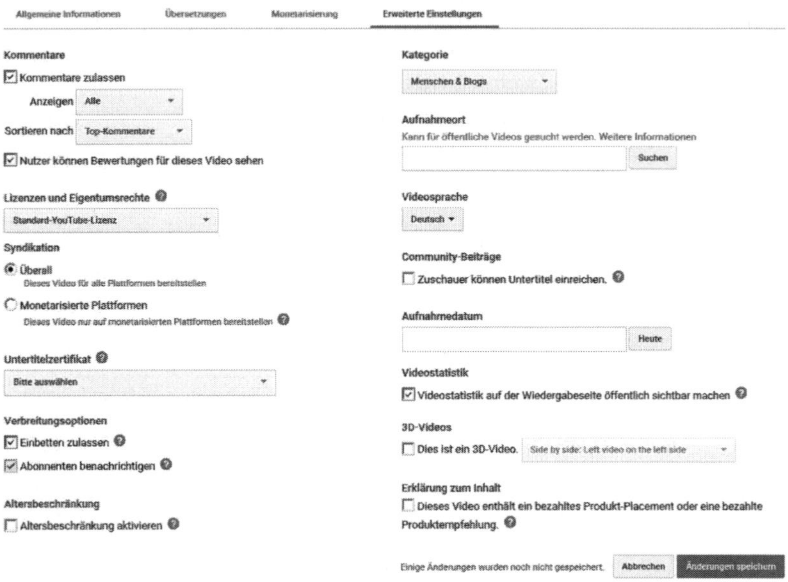

Abb. 3 Erweiterte Einstellungen für Videos

Nachdem wir die OnPage-Optimierungs-Optionen für Ihre Videos auf darge-stellt haben wenden wir uns im folgenden Abschnitt noch kurz der *OffPage-Opti-mierung* zu.

OffPage-Optimierung von Videos

Wie an anderer Stelle bereits unterstrichen ist es für die spätere Auffindbarkeit Ihrer Videos von zentraler Bedeutung, die soziale Interaktion Ihres Publikums mit Ihren Inhalten zu fördern.

Vor diesem Hintergrund sollten Sie auf anderen Social-Network-Seiten (bei-spielsweise *Facebook* oder *LinkedIn*) durch gezielte Streuung von Hinweisen auf Ihre Videos weitere Interaktionen anregen.

Machen Sie über Ihre entsprechenden Profile in sozialen Netzwerken Ihre Freunde und Kontakte sowie Fans auf Ihre Online-Videos aufmerksam – fragen Sie Meinungen ab und weisen Sie auf Ergänzungen hin.

Eine weitere Möglichkeit der Optimierung besteht darin, ihre Videos auf anderen Plattformen einzubetten. Hierzu müssen Sie zunächst Ihr entsprechendes Video aufrufen und dann die Funktion „*Teilen*" wählen. Die anschließend blau unterlegte Adresse ist ein Kurzlink zu Ihrem Video, welches sich User kopieren können, um es weiterzuempfehlen. In der Zeile darunter können Sie mit einem Klick das Video mit Ihrem Auftritt bei *Facebook, Twitter, Google+* und weiteren sozialen Netzwerken verbinden.

Der nächste Schritt ist, auf den Link „*Einbetten*" zu klicken, worauf ein entsprechender HTML-Code erscheint, welcher nötig ist, um das Video auf einer externen Website einzubinden.

Denken Sie auch darüber nach, durch aktive Ansprache Journalisten, Blogger und weitere potenzielle „Influencer" dazu zu bringen, auf Ihre Kanalseite zu verlinken.

Insbesondere externe Verlinkungen auf Ihre Videos sowie Ihre Kanalseite sind ein Hinweis für *Google* und andere Suchmaschinen, dass Sie etwas Wichtiges zu sagen haben.

Machen Sie auch von diesen Möglichkeiten der auf OffPage-Optimierung Gebrauch, um Ihre Videos bestmöglich auffindbar zu machen und zu verbreiten.

Die Bedeutung des richtigen Timings

Sie erhöhen die Chancen auf eine gute Platzierung bei *YouTube* bzw. *Google* und anderen Suchmaschinen, wenn die Aufrufzahlen Ihres Videos schon kurz nach der Veröffentlichung zügig ansteigen. Damit einher geht unmittelbar auch der Veröffentlichungszeitpunkt Ihrer Videos. Fragen Sie sich in diesem Zusammenhang daher, ob Ihre Zielgruppe zum Veröffentlichungszeitpunkt bei *YouTube* online ist? Planen Sie dementsprechend den exakten Upload-Zeitpunkt.

Beachten Sie in diesem Kontext, dass Ihre Hinweise in sozialen Netzwerken keinesfalls alle simultan veröffentlicht werden sollten. Es ist zielführender, die Verteilung über die Netzwerke hinweg sukzessive vorzunehmen. Auf diese Weise können Sie erste Reaktionen testen und dem Hinweis sowie dem Link zu ihrem Video gegebenenfalls noch verändern.

Darüber hinaus ist es ratsam, niemals auf einmal zu viele Videos hochzuladen und auf „privat" zu stellen und dann Woche für Woche die bereits hochgeladenen

Videos sichtbar zu machen. Damit geht den Videos – in Abhängigkeit von der jeweiligen Thematik – unter Umständen der Reiz des Neuen verloren.

> Versuchen Sie, Ihre Videos immer einzeln zu laden und möglichst zeitnah zu veröffentlichen.

Damit nutzen Sie den Vorteil, dass Ihre Videos zusätzlich als „neu" auf *YouTube* gelistet werden und dadurch ein besseres Rating bekommen.

Doppelt hält nicht besser

Wie auch *Google* mag auch *YouTube* keine Veröffentlichung bereits publizierte Inhalte. Laden Sie daher nach Möglichkeit auf YouTube nur Videos hoch, welche Sie möglichst nicht woanders veröffentlichen wollen.

> Vermeiden Sie den gleichzeitigen Upload identischer Filme auf Ihrer Website, *Facebook* oder anderen Plattformen.

Wenn Ihr Video nur unter einer Quelle zu finden ist – dies wird auch als *Single-Sourcing* bezeichnet – sind die Aufrufzahlen und Links darauf höher, als wenn sich alles auf mehrere Videoquellen verteilt. Letztendlich sind einzelne Videos mit hohen Aufrufzahlen und hoher Interaktion in den Suchmaschinen auch prominenter gelistet, als wenn sich diese Kennzahlen auf mehrere identische Videos verteilen.

Machen Sie stattdessen von dem weiter oben beschriebenen „Einbetten" Gebrauch und teilen Sie in sozialen Netzwerken den Link zu dem auf *YouTube* gespeicherten Video statt es noch einmal separat auf *Facebook* hochzuladen. Dadurch erhalten sie automatisch höhere Abrufzahlen, da alle Klicks nur diesen einen Video auf *YouTube* zugerechnet werden.

Das Wichtigste in Kürze

- Der Titel Ihres Videos ist das Fundament für Ihren Erfolg.
- Neben dem Titel ist die Video-Beschreibung von zentraler Bedeutung im Rahmen der Video-Optimierung, da dieser Bereich sowohl für Nutzer als

auch für Suchmaschinen wichtige Informationen zum Thema des Videos beinhaltet.

- Ein attraktives Video-Vorschaubild ist ein entscheidender Faktor, die Aufrufzahlen zu erhöhen.

- Die Anmerkungsfunktion ist von entscheidender Bedeutung, da diese zusätzlichen Einblendungen den Vorteil haben, dass sie anklickbar sind und verlinkt werden können.

- Machen Sie über Ihre entsprechenden Profile in sozialen Netzwerken Ihre Freunde und Kontakte sowie Fans auf Ihre Online-Videos aufmerksam – fragen Sie Meinungen ab und weisen Sie auf Ergänzungen hin.

- Denken Sie auch darüber nach, durch aktive Ansprache Journalisten, Blogger und weitere potenzielle „Influencer" dazu zu bringen, auf Ihre Kanalseite zu verlinken.

- Versuchen Sie, Ihre Videos immer einzeln zu laden und möglichst zeitnah zu veröffentlichen.

- Vermeiden Sie den gleichzeitigen Upload identischer Filme auf Ihrer Website, Facebook oder anderen Plattformen.

Werbemöglichkeiten auf YouTube

8

YouTube ist – wie ausgeführt – hinter *Google* die zweitgrößte Suchmaschine der Welt. Wenn man sich einige der werberelevanten Fakten zu *YouTube* einmal genau ansieht, wird schnell klar, weshalb *YouTube* eine der attraktivsten Online-Werbeplattformen ist:

- *YouTube* erreicht alleine in Deutschland monatlich 35,4 Mio. Unique User
- *YouTube* erreicht in Deutschland 64 % der Online-Bevölkerung – über mehrere Gerätetypen (Smartphone, Desktop, Tablet) hinweg
- Weltweit werden in jeder Minute 400 h an Videomaterial hochgeladen
- In Deutschland sind über 88 % der *YouTube-Nutzer* über 20 Jahre alt
- Auf Mobilgeräten beträgt die durchschnittliche Wiedergabezeit inzwischen über 40 min.

Insbesondere die präzisen Targeting-Möglichkeiten geben dem Werbetreibenden die Möglichkeit, nicht nur auf eine überaus große Reichweite zurückgreifen zu können, sondern auch Streuverluste zu minimieren. Die relevante Zielgruppe kann nach demografischen und geografischen Merkmalen *geclustert* werden. Weiterhin lassen sich die Viewer sehr präzise nach Themen und Interessen aufteilen. Diese Vielfalt in den Targeting-Möglichkeiten macht *YouTube* zu weit mehr als nur einen Kanal mit hoher Reichweite.

YouTube bietet als kommerzielle Online-Videoplattform eine Reihe von Werbeplätzen an, auf denen Werbetreibende ihre Werbemittel platzieren können. Für die unterschiedlichen Werbemittel, wie Werbetexte, Videomaterial oder Display-Banner, gibt es eigene Werbeplätze, auf denen der Werbetreibende seine Werbemittel platzieren kann. Dabei spielt es keine Rolle, ob der Werbetreibende ein bekanntes, international agierendes Unternehmen ist, ein Selbstständiger oder ein

© Springer-Verlag Berlin Heidelberg 2016

M.O. Opresnik und O. Yilmaz, *Die Geheimnisse erfolgreichen YouTube-Marketings,*
Geheimnisse des Erfolgs, DOI 10.1007/978-3-662-50317-1_8

Freiberufler. Die Werbeplätze sind frei zugänglich und für jeden buchbar. Auch hinsichtlich des einsetzbaren Budgets gibt es bei *YouTube* flexibel und individuell skalierbare Preismodelle. Ein paar Euros als Tagesbudget reichen, um die ersten Werbemaßnahmen auf *YouTube* starten zu können.

Grundvoraussetzung für die Erstellung von Werbung auf *YouTube* ist die Einrichtung eines *Google-AdWords-Kontos*. AdWords ist das Werbeprogramm von *Google*, welches auch die Schaltung von Werbung auf YouTube steuert. Sie können sich kostenfrei ein entsprechendes Konto anlegen. Um nun das Werbesystem für Ihre eigenen *YouTube-Videos* nutzen zu können, müssen Sie eine Verknüpfung zwischen Ihrem AdWords-Konto und Ihrem *YouTube-Kanal* herstellen. Außerdem müssen Ihre Videos, damit Sie daraus eine Video-Anzeige erstellen können, die Einbettungsfunktion unterstützen und auf öffentlich gestellt sein. Diese Einstellungen können Sie im Videomanager entsprechend vornehmen.

Um mittels des AdWords-Programms auf *YouTube* werben zu können, benötigen Sie die richtigen Werbemittel. Folgende Arten von Werbemittel eigenen sich prinzipiell für den Einsatz auf *YouTube:* Textanzeigen, Werbebanner und Videoanzeigen. Grundsätzlich können Sie alle Videos, die Sie bei *YouTube* hochgeladen haben, auch als Werbemittel verwenden. Als *In-Stream-Anzeigen* (auf dieses Werbeformat gehen wir später genauer ein) werden diese dann als Werbespot vor oder in der Mitte anderer Videos eingebettet. Man kann die eigenen Videos aber auch als *gesponserte Anzeige* in den Suchergebnissen bestimmter Suchanfragen platzieren.

Natürlich können Sie auch ohne eigene Videos auf *YouTube* werben, zum Beispiel in Form von Text- und Banner-Anzeigen. In diesem Falle benötigen Sie weder eigene Videos noch einen *YouTube-Kanal*. Hierauf gehen wir im Rahmen der Ausführungen zu den einzelnen Werbeformaten weiter unten noch ausführlicher ein.

Bevor Sie nun loslegen, Ihre Werbemittel für *YouTube* zusammenzustellen, sollten Sie sich unbedingt die *Werbemittelrichtlinien* von *YouTube* durchlesen. Genauere Informationen zum Urheberrecht sind unter der URL https://www.youtube.com/yt/copyright/de/ zu finden.

Bei allen eingesetzten Werbemitteln, muss sichergestellt sein, dass die Inhalte der Werbemittel (Text, Ton und Bilder) frei von Rechten Dritter sind und den Richtlinien von *YouTube* entsprechen.

Wo und wie können Sie auf YouTube werben?

Die Platzierungsmöglichkeiten von Werbung auf *YouTube* lassen sich in *3 Kategorien* unterteilen:

- *Homepage:* die Startseite von youtube.com
- *Searchpage:* die Ergebnisseite nach einer Suchanfrage
- *Watchpage:* die Seite auf der man ein Video betrachten kann

Jede der 3 Platzierungen hat ihre individuellen Vor- und Nachteile, welche wir nachstehend kurz darstellen.

Die *Homepage* ist die Seite mit der größten Reichweite. In Deutschland werden im Tagesdurchschnitt zwischen 26 und 35 Mio. *Page-Impressions* gemessen, die wiederum von 11 bis 12,5 Mio. Unique User erzeugt werden. Da die Homepage keinen thematischen Schwerpunkt bildet, geht die Reichweite auf Kosten einer präzisen Zielgruppenaussteuerung.

Werbung auf der *Searchpage* bietet ein sehr spezifisches und hochrelevantes Umfeld für Ihre Anzeigen. Eine Searchpage wird immer als Ergebnis einer übers Suchfeld eingegeben Suchanfrage gebildet. Das *Targeting* Ihrer Anzeigen kann dabei sehr genau auf die eingegebenen Suchbegriffe ausgerichtet werden.

Die *Watchpage* zeichnet sich durch eine sehr hohe Interaktion mit dem User aus. Zusätzlich kann man hier die thematische Nähe zu gewissen Video-Inhalten optimal ausnutzen. Durch die Einbindung von sogenannten *In-Stream-Anzeigen* wird der User in einer sehr direkten Weise mit der Werbung konfrontiert.

Jede der 3 beschrieben Seitenarten bietet individuelle Möglichkeiten für die Platzierung von Werbung. Diese stehen in enger Beziehung zum jeweiligen Charakter der Seite. So bietet die reichweitenstarke Homepage Werbeformate an, welche das Potenzial der Reichweite maximal ausreizen. Die Watchpage dagegen setzt bei den bereitgestellten Werbeplätzen auf das maximale *Involvement* des Viewers.

Werbungsmöglichkeiten auf der Homepage: Masthead: Der Masthead ist die wohl auffälligste Platzierung eines Werbemittels auf der Videoplattform *YouTube*. Mit 970 Pixel füllt der Masthead die gesamte verfügbare Breite des Startseiten-Contentbereichs aus. Für die Erstellung eines Mastheads wird im Standardfall lediglich ein *YouTube-Video* benötigt (vgl. Abb. 1).

Den Masthead gibt es in 2 Formaten: den *In-Page-Masthead* mit den Abmessungen 970 × 250 Pixel und den *Expandable-Masthead,* der sich beim Anklicken

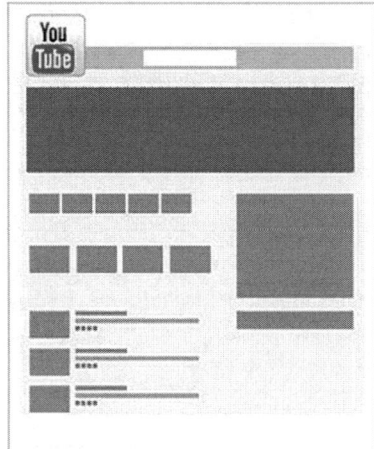 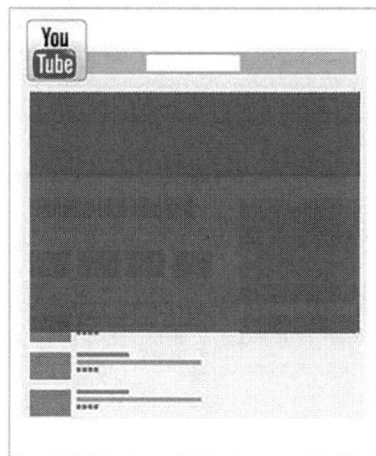

In-Page-Masthead   Expandable-Masthead

Abb. 1 Position des Mastheads. (Quelle: https://support.google.com/richmedia/answer/6098.114?hl=de, Zugegriffen: 15.03.2016)

nach unten ausrollt und mit den Abmessungen 970 × 500 Pixel doppelt so groß ist, wie der In-Page-Masthead.

Das zugrunde liegende Abrechnungsmodell ist recht einfach und unflexibel: Einmal gebucht, wird der Masthead 24 h lang ausgespielt. Normalerweise erfolgt die Auslieferung von 00:00 Uhr bis 23:59 Uhr. Allerdings kann dies je nach Land variieren. Die Tagespreise sind 5- bis 6-stellige Eurobeträge, abhängig von der Reichweite. Für Deutschland sind das meistens Beträge von knapp über 100.000 EUR pro Tag. Die Reichweite des Mastheads hängt vom jeweiligen Land ab – aber auch von Saisonalen Schwankungen.

Mit dem Masthead „gehört" Ihnen die Startseite von YouTube für einen Tag. In Deutschland werden mehr als 10 Mio. User an diesem Tag unübersehbar mit Ihrer Werbebotschaft konfrontiert. Da Sie beim Masthead keine Zielgruppentargeting nutzen können, sollte die Werbebotschaft nicht zu spezifisch sein. Achten Sie auf den Zeitpunkt der Ausspielung. Angesichts des sehr hohen Werbebudgets sollte die saisonal wichtigste Phase genutzt werden.

Werbungsmöglichkeiten auf der Searchpage: TrueView In-Search: Diese Videoanzeigen erscheinen bei einer Suche auf *YouTube* im oberen Bereich der Suchergebnisse bzw. auf der rechten Seite neben den Suchergebnissen. Sie sind als Anzeige markiert und somit von den anderen Suchergebnissen eindeutig zu unterscheiden. Der Werbetriebende bezahlt nur für Videos, die der User mit einem Klick gestartet hat (vgl. Abb. 2).

Tipps für Ihren Erfolg

- Das Format sorgt für viele kostenlose Impressions. Achten Sie unbedingt darauf, dass das Thumbnail des beworbenen Videos ansprechend ist und zu Ihrem Markenimage passt.
- Wecken Sie das Interesse der User! Nutzen Sie die 3 verfügbaren Textzeilen, um die User neugierig zu machen und sie zum Klicken zu animieren! Achten Sie darauf, dass das Thumbnail des Videos und der Anzeigentext aufeinander abgestimmt sind! Unstimmigkeiten können zu enttäuschten Usern führen, die wiederum negative Abstrahleffekte auf Ihr Markenimage haben.
- Das Format muss bei Kampagnenerstellung extra ausgewählt werden.

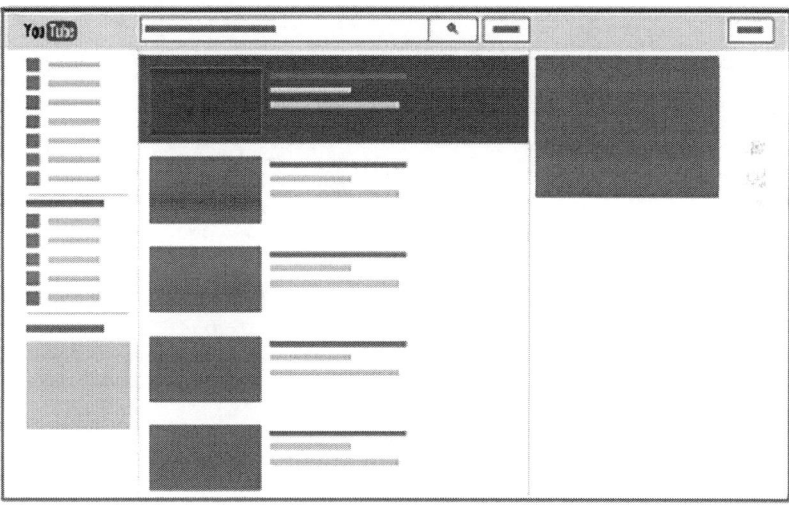

Abb. 2 TrueView In-Search. (Quelle: http://commondatastorage.googleapis.com/think%2Fdocs%2FExternal%20One-Sheeter-%20YouTube%20TrueView%20Video%20Ads.pdf, Zugegriffen: 15.03.2016)

Werbungsmöglichkeiten auf der Watchpage: Hier gibt es diverse Möglichkeiten, welche wir nachfolgend kurz darstellen werden: *TrueView In-Stream, TrueView In-Display, Companion Banner, Shoppable TrueView Ads, Infokarten, Bumper Ads, Text-Overlay-Anzeigen sowie In-Video-Overlay-Anzeigen (Display).*

TrueView In-Stream: Bei dieser Werbemöglichkeit handelt es sich um Videoanzeigen, die vor oder während eines anderen Videos abgespielt werden. Man sagt dazu auch *pre-* bzw. *mid-roll* (vgl. Abb. 3).

Die Anzeigenlänge ist variabel. Das Besondere an diesem Anzeigenformat ist, dass der der Zuschauer per Klick die Möglichkeit hat, die Videoanzeigen nach 5 s zu überspringen. Bei diesem Anzeigenformat bezahlt der Werbetreibende einen *Cost Per View,* also einen Preis pro angesehenes Video.

Abgerechnet werden hierbei nur Videos, die mindestens 30 s angesehen wurden. Ist das Video kürzer als 30 s, wird es abgerechnet sofern es komplett angesehen wurde.

Ein Sonderform der TrueView In-Stream Anzeigen sind die *nicht überspringbaren Anzeigen (non-skippable).* Sie können beim Ansehen eines Videos pre-, mid- oder post-roll erscheinen und erlauben es dem User nicht, die Anzeige vorzeitig mit einem Klick zu überspringen. Die Anzeigendauer der Videos ist auf 15

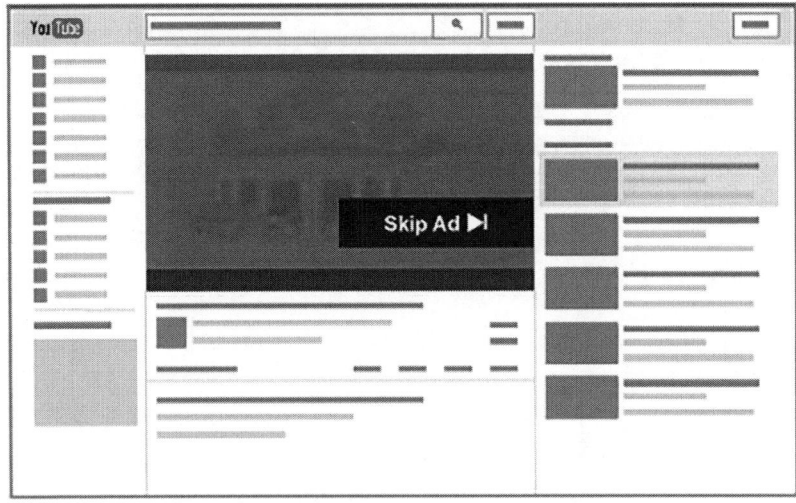

Abb. 3 TrueView In-Stream. (Quelle: http://commondatastorage.googleapis.com/ think%2Fdocs%2FExternal%20One-Sheeter-%20YouTube%20TrueView%20Video%20 Ads.pdf, Zugegriffen: 15.03.2016)

bis 20 s beschränkt und sie werden auf CPM-Basis abgerechnet. Falls Sie einen eigenen Kanal betreiben, helfen die nicht überspringbaren Anzeigen zwar Ihren Umsatz zu erhöhen, allerdings führen sie ebenso zu einer höheren Abbruchrate und einer kürzeren Abspielzeit beim Hauptvideo. Der Kanalbetreiber hat aber keinen Einfluss auf die Art der geschalteten Pre-Rolls (also ob diese als skippable oder non-skippable geschaltet werden).

Tipps für Ihren Erfolg

- Das Video sollte möglichst genau auf die *YouTube-Zielgruppe* ausgerichtet sein. Dies ist der Grund, weshalb klassische TV-Spots oftmals nicht besonders gut auf *YouTube* funktionieren, da sowohl die Inhalte als auch der Stil nicht zur Zielgruppe auf *YouTube* passen.
- Ein kurzes Video kann neugierig machen, ein langes Video kann komplizierte Sachverhalte erklären. Sogar Spots, die über eine Minute lang dauern, können gut funktionieren, sofern sie optimal aufgebaut sind.

Dieses Werbeformat ist ein Pendant zu klassischer Fernsehwerbung. Ein entscheidender Vorteil gegenüber dieser ist aber, dass nur ein Werbefilm gezeigt wird und das Video nicht im Werbeblock mit vielen anderen Spots untergeht.

TrueView In-Display: Bei dieser Werbeform erscheint die Videoanzeige auf der rechten Seite als deutlich erkennbare Anzeige mit Standbild (vgl. Abb. 4).

Die Anzeige wird geschaltet, wenn der User sich gerade ein anderes Video ansieht. Kosten entstehen dem Werbetreibenden erst, wenn das Video mit dem Klick auf die Anzeige gestartet wird.

Mit Ihrer Anzeige müssen Sie um die Aufmerksamkeit des User kämpfen. Lenken Sie mit dem Thumbnail die Aufmerksamkeit des Users auf Ihr Video und setzen Sie sich mit Ihrer Anzeige gut sichtbar von den darunter eingeblendeten Vorschlägen ab.

Companion Banner: In Verbindung mit einer *TrueView In Stream* Anzeige können Sie rechts neben dem Video noch ein begleitendes Banner einbetten. Dieses *Companion Ad* ist klickbar und bleibt während dem Abspielen des Spots und auch

Abb. 4 TrueView In-Display. (Quelle: http://commondatastorage.googleapis.com/ think%2Fdocs%2FExternal%20One-Sheeter-%20YouTube%20TrueView%20Video%20 Ads.pdf, Zugegriffen: 15.03.2016)

danach noch stehen. Wird kein Companion Ad gebucht, wird an dessen Stelle automatisch eine Videowall erstellt.

Ein Companion Ad in *YouTube* hat eine Größe von 300×60 Pixel. In Kombination mit der TrueView-Anzeige ist die Auslieferung des Banners und auch der Klick aufs Banner kostenlos (vgl. Abb. 5).

Abgerechnet wird der Klick auf Companion Ad nur, falls der User das zugehörige Video keine 30 s lang angesehen hat.

Tipps für Ihren Erfolg

- Ihre Marke sollte auf dem Banner deutlich zu erkennen sein. Damit verbessern Sie nicht nur die Markenwahrnehmung, sondern Sie stellen zusätzlich sicher, dass der Erinnerungseffekt in Bezug auf Ihre Marke verstärkt wird.
- Die Kernaussage Ihres Videos sollte sich in dem Banner wiederfinden. So wird der Viewer während oder nachdem er sein gewünschtes Video angesehen hat immer wieder an die Werbebotschaft Ihres Spots erinnert.

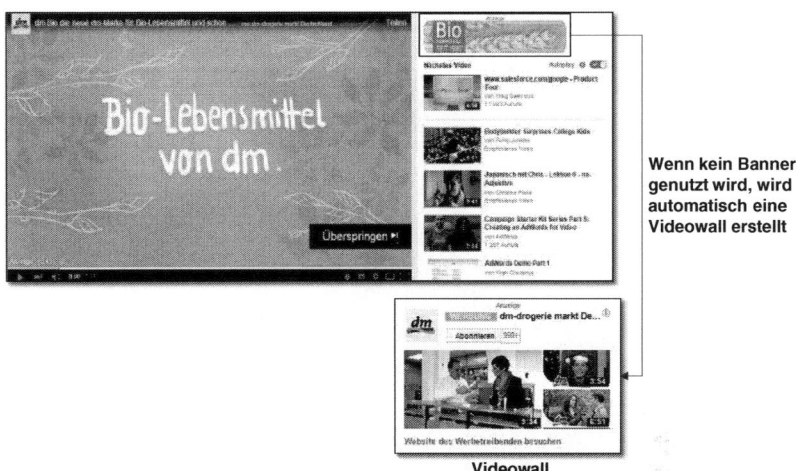

Abb. 5 Companion Banner. (Quelle: http://www.youtube.com, Zugegriffen: 15.03.2016)

Shoppable TrueView Ads: Die Shoppable TrueView Ads ermöglichen es Händlern, ihre Produkte als klickbare Anzeigen innerhalb des Werbevideos zu platzieren. So kann man die im Spot gezeigten Produkte als Klickbares Bild inkl. Produktbezeichnung und Preisangabe hinterlegen. Beim Klick auf die Anzeige gelangt man direkt auf die Produktansicht im Onlineshop des Händlers. Die Shoppable TrueView Ads basieren auf einem Produktdatenfile, welches im Google Merchantcenter hinterlegt werden muss (vgl. Abb. 6).

Infokarten: Ähnlich wie die Shoppable TrueView Ads ermöglichen es die Infokarten, interaktive Elemente in ein Video einzufügen. Die Karten werden im Video eingeblendet und können z. B. einen anklickbaren Hinweis auf die Homepage enthalten, einen klickbaren Hinweis auf ein anderes Video, ein interaktives Abstimmungselement oder einen Hinweis mit Link auf eine andere Playlist.

Bumper Ads: Dieses Format ist ein max. 5-sekündiger Video-Spot, der den User kurz an die Marke oder das Produkt erinnern soll. Bumper Ads eignen sich in erster Linie für Retargeting-Kampagnen. Durch die Kürze wird der Spot selten abgebrochen. Dadurch generieren Bumper Ads deutlich mehr Reichweite. Die Bumper Ads befinden sich aktuell noch im Beta-Stadium. Sie sind also noch nicht für alle YouTube-Nutzer einsetzbar.

Abb. 6 Shoppable TrueView Ads. (Quelle: http://adwords.blogspot.de/2015/05/introducing-trueview-for-shopping-new.html, Zugegriffen: 15.03.2016)

Halten Sie Ihren Bumper Ad kurz und knackig! Dieses Format funktioniert am besten in Kombination mit einer sehr markanten und leicht verständlichen Botschaft.

Text-Overlay-Anzeigen: Bei den Text-Overlay-Anzeigen handelt es sich um AdWord-Textanzeigen, die in einem Video-Player bzw. innerhalb eines Videostreams geschaltet werden. Für die richtige Eingrenzung der Zielgruppe müssen die relevanten Keywords in den Kampagneneinstellungen angegeben werden. So kann sichergestellt werden, dass die Anzeigen auch nur innerhalb der relevanten Videos ausgeliefert werden. Über das eingestellte CPC-Gebot (Cost-Per-Click-Gebot) können Sie das Auslieferungs- und Klick-Volumen, sowie die Kosten der Anzeigen steuern (vgl. Abb. 7).

Die Text-Overlay-Anzeige überdeckt die unteren 20 % des sichtbaren Video-Bereichs. Pro Videostream können in Summe maximal 10 Textanzeigen über eine Länge von 20 s geschaltet werden. Die Abrechnung erfolgt – genau wie bei AdWords – klickbasiert. Man bezahlt also immer nur, wenn jemand auf die Anzeige geklickt hat.

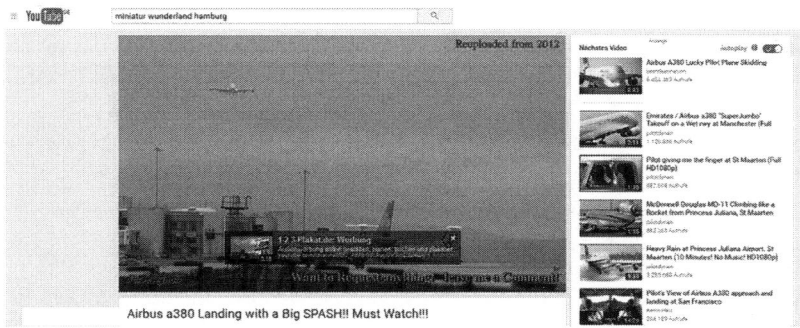

Abb. 7 Text-Overlay Anzeige. (Quelle: Screenshot auf www.youtube.com, Zugegriffen: 15.03.2016)

Dieses Werbeformat ist sehr *auffällig*, da es direkt über den Content gelegt wird. Achten Sie aus diesem Grund auf ein präzises Targeting. Überprüfen Sie kritisch Ihre Textbotschaft und pflegen Sie die Liste mit den auszuschließenden Keywords und Placements. Eine an sich neutrale Textbotschaft kann im Zusammenhang mit dem *falschen* Video im „Hintergrund" eine andere Bedeutung bekommen. Ein Werbeslogan wie „Wir machen den Weg frei" wird in Verbindung mit einer Dokumentation über den DDR-Mauerbau eine andere Bedeutung bekommen.

In-Video-Overlay-Anzeigen (Display): Die *YouTube* In-Video-Overlay-Anzeigen überdecken genau wie die Text-Overlay-Anzeigen einen Teil des Contents. Statt einer Textanzeige wird bei den In-Video-Overlay-Anzeigen ein Werbebanner der Abmessung 480 × 70 Pixel geschaltet. Sobald ein Viewer sich das Video ansieht, wird das Banner eingeblendet. Zusätzlich besteht die Möglichkeit, dass Sie ein begleitendes Companion Ad als Displayanzeige im Format 300 × 250 Pixel dazu schalten (vgl. Abb. 8).

Tipps für Ihren Erfolg

- Versehen Sie die Overlay-Anzeige mit einem überzeugenden Call-to-Action – zum Beispiel zum Ansehen von Companion-Inhalten oder zur Interaktion mit der Anzeige.

- Stellen Sie den *Frequency Cap* bei mindestens einer Impression pro Nutzer und Stunde ein.
- Es ist keine ClickTag-Implementierung erforderlich. Die Creative-Anzeige wird mit und ohne ClickTag einwandfrei ausgeführt.

Mit YouTube-Videos auf Webseiten werben

YouTube bietet übers *Google Display Netzwerk (GDN)* allen Werbetreibenden die Möglichkeit auch außerhalb der *YouTube-Seiten* Werbevideos zu platzieren. Laut *comScore-Bericht* von 2013 erreicht das *Google Display Netzwerk* 90 % der weltweiten Internetuser und bietet den globalen Zugriff auf über 2 Mio. Websites. Diese Websites umfassen Blogs, Foren, Webseiten großer Verlage, Social Websites, Preisvergleiche, etc.

Durch die gezielte Platzierung Ihres Werbevideos können Sie Ihre Zielgruppe auf den beliebtesten Themen-Websites erreichen. Die Auswahl der passenden Placements ermöglicht es, jede gewünschte Website innerhalb des GDNs gezielt auszuwählen, oder auch umgekehrt, von der Schaltung Ihres Videos bewusst auszuschließen.

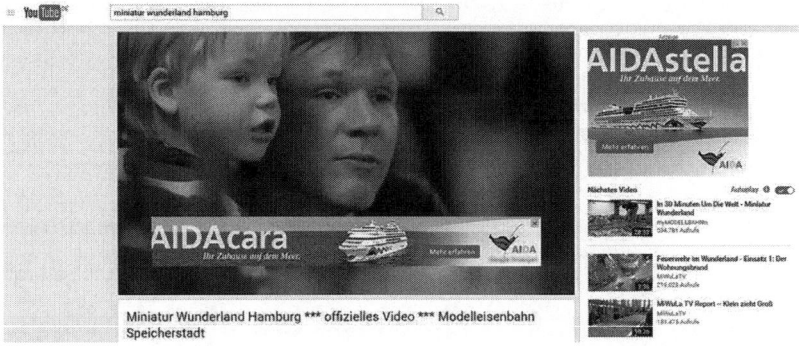

Abb. 8 In-Video-Overlay Anzeige. (Quelle: Screenshot auf www.youtube.com, Zugegriffen: 15.03.2016)

Zielgruppenadäquate Ausrichtung der Werbung

Werbebudgets sind ein knappes Gut. Umso wichtiger ist es, das Werbebudget so einzusetzen, dass die ungewollten Streuverluste minimiert werden. Bevor man also seine Werbekampagnen auf *YouTube* freischaltet, ist eine genaue Analyse der Zielgruppe erforderlich. Auf folgende Fragen sollte man dabei eine Antwort geben können:

- Welche demografischen Merkmale (Alter, Geschlecht, Elternstatus) hat meine Zielgruppe?
- In welcher geografischen Region finde ich meine Zielgruppe?
- In welchen thematischen Umfeldern finde ich meine Zielgruppe?
- Welche Interessen hat meine Zielgruppe?
- Nach welchen Begriffen sucht meine Zielgruppe welche Videos schaut sie?

Dabei müssen Sie Ihrer Zielgruppe nicht nur ein Alter, ein Geschlecht und einen Elternstatus zuordnen können. Im Idealfall definieren sie viele, in sich aber sehr homogene Zielgruppen mit sehr spezifischen Interessen bzw. regionalen Merkmalen. Diese Zielgruppen können über separate Werbekampagnen individuell angesprochen und gesteuert werden. Laufen die Kampagnen für eine gewisse Zielgruppe überdurchschnittlich gut, so ist es ggf. sinnvoll einen Teil des Werbebudgets von den weniger erfolgreichen Kampagnen abzuziehen und den erfolgreicheren Kampagnen zuzuordnen.

> Bevor Sie mit einer *YouTube-Werbekampagne* starten, sollten Sie ein möglichst genaues Profil Ihrer Zielgruppe(n) erstellen. Dazu zählt neben der Auswertung der demografischen und regionalen Faktoren auch die Definition der relevanten Suchanfragen, der bevorzugten Umfelder der Zielgruppe, deren Interessen und das Beziffern der anvisierten Akquisekosten pro Person – auch CPA (cost per acquisition) genannt.

Der Erfolg Ihrer Werbekampagne wird im Wesentlichen davon abhängen, ob die *richtigen* User mit der *richtigen* Message erreicht werden. Das ist bei einer homogenen Zielgruppe am einfachsten zu erreichen. Welche Möglichkeiten Sie haben, um Ihre Zielgruppe sinnvoll zu *clustern*, zeigen Ihnen die nachfolgend dargestellten Aussteuerungsoptionen.

Die Auswahl passender Placements

Haben Sie die Definition Ihrer Zielgruppe(n) abgeschlossen, können Sie innerhalb des AdWords-Kontos eine oder mehre Werbe-Kampagnen anlegen. Ist dies geschehen, folgt im nächsten Schritt die Übernahme Ihrer Zielgruppendefinition in das AdWords-Konto. Dazu stehen Ihnen folgende 10 Aussteuerungsoptionen zur Verfügung:

- Demografische Merkmale
- Standort/Geografie
- Endgeräte
- Placements
- Themen
- Interessen
- Keywords für Display-Netzwerk
- Keywords für YouTube-Suche
- Auszuschließende Ziele
- Remarketing-Listen

Jede dieser Aussteuerungsoptionen ermöglicht es Ihnen die Zielgruppe genauer zu erfassen und mit individuell auf die Zielgruppe zugeschnittenen Werbemitteln zu erreichen. Wie Sie die Targeting-Optionen für sich nutzen können und worauf Sie dabei zu achten haben, werden wir jetzt kompakt darstellen.

Demografie: Sie können Ihre Kampagnen auf einzelne Alters- und Geschlechtersegmente sowie den Elternstatus ausrichten (vgl. Abb. 9).

Beim Alter stehen Ihnen nur die von Google vorgegebenen Segmente zur Verfügung. Die prozentuale Verteilung der User auf die unterschiedlichen Alterssegmente sieht für Deutschland gemäß GfK Crossmedia Link Sep. 2015 wie folgt aus:

- 18–24: **12 %**
- 25–34: **23 %**
- 35–55: **19 %**
- 45–54: **21 %**
- 55–64: **14 %**
- 65+: **11 %**

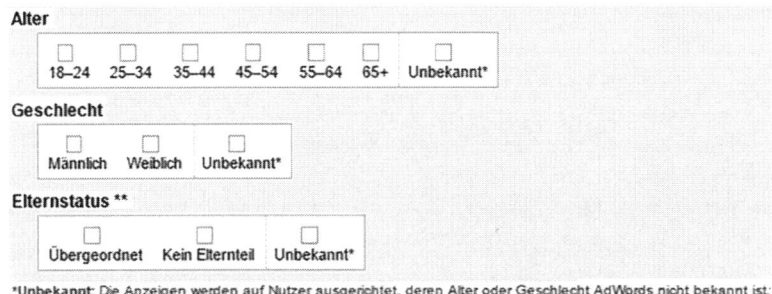

Abb. 9 Demografische Targeting-Möglichkeiten. (Quelle: Google AdWords, Zugegriffen: 22.03.2016)

Tipps für Ihren Erfolg

- Testen Sie auch angrenzende Alters- und Geschlechtersegmente, wenn auch nur mit geringem Budget.
- Je granularer, umso besser: statt einer Kampagne mit vielen Häkchen bei den Altersgruppen und beim Geschlecht, erstellen Sie besser viele Kampagnen, die jeweils sehr ähnlichen User enthalten. Dadurch haben Sie später mehr auswertbare Informationen und genauere Justierungsmöglichkeiten bei der Optimierung Ihrer Kampagnen.

Standort/Geografie: Definieren Sie im ersten Schritt, in welchen Ländern Ihre Videos geschaltet werden sollen. Sind Ihre Aktivitäten regional noch stärker eingrenzbar, bietet *Google* eine Reihe weiterer geografischer Targeting-Möglichkeiten an. Für eine kleine Handelskette, die nur Filialen im Norden von Deutschland besitzt, ist es beispielsweise nicht sinnvoll Werbefilme im Süden Deutschlands auszustrahlen. Manche Gewerbe sind sogar auf nur eine Stadt oder ein Postleitzahlen-Gebiet beschränkt. Auch hier ist es sinnvoll die regionale Reichweite der Kampagnen stark einzuschränken.

Google bietet für die geografische Beschränkung von Kampagnen sehr präzise Targeting-Möglichkeiten. Neben dem Ort, lassen sich auch Postleitzahlen oder Umkreise festlegen, innerhalb derer die Werbung geschaltet wird (vgl. Abb. 10).

Endgeräte: Ihre Video-Anzeigen werden standardmäßig auf Desktop-Computern, Tablets und Smartphones angezeigt (vgl. Abb. 11).

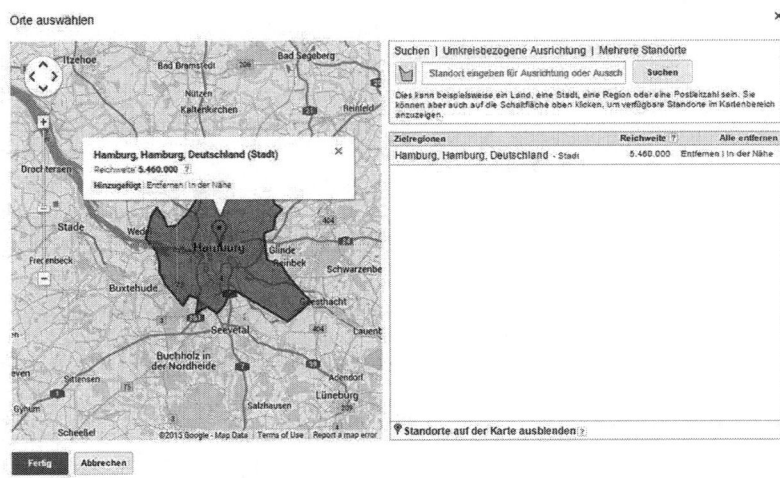

Abb. 10 Regionale Targeting-Möglichkeiten. (Quelle: Google AdWords, Zugegriffen: 22.03.2016)

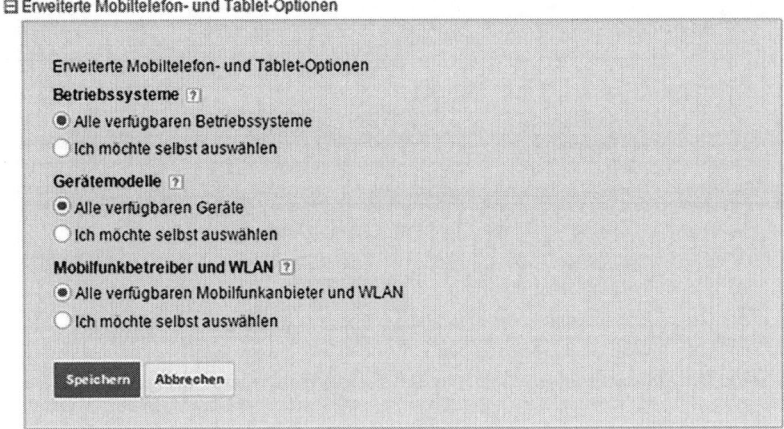

Abb. 11 Targetings für die benutzen Endgeräte. (Quelle: Google AdWords, Zugegriffen: 22.03.2016)

Diese Einstellung empfiehlt sich für jeden, dessen Website in *responsivem* Webdesign erstellt wurde, das eine optimale Darstellung auf allen Betriebssystemen und Gerätetypen ermöglicht. Sollte die Darstellung Ihrer Website auf einem der gängigen Betriebssysteme oder Gerätetypen nicht optimal sein, empfiehlt es sich diese Endgeräte von der Schaltung der Werbevideos auszuschließen.

Tipps für Ihren Erfolg

- Erstellen Sie kurze Teaser-Videos, die nur auf Smartphones ausgerichtet sind. Diese erreichen eine deutlich höhere Reichweite und somit deutlich mehr Views.
- Vor allem für Versandhändler mit sehr begrenztem Werbebudget ist es sinnvoll, die Kampagnen für jeden Gerätetyp komplett voneinander zu trennen. Da die Kaufrate bei Smartphones aufgrund ihrer geringen Displaygröße immer noch deutlich geringer ist, hat man durch diese Aufteilung später einen besseren Optimierungshebel. Dabei darf allerdings nicht vergessen werden, dass gerade Videos sehr oft über das Smartphone angesehen werden, der Kauf aber nachgelagert über Desktop erfolgt. Aber Vorsicht: Durch eine Beschränkung der Smartphone-Ausspielung gehen auch wichtige Kaufimpulse für den Desktopbereich verloren.

Placements: Ist bekannt, auf welchen Webseiten oder *YouTube-Kanälen* sich Ihre Zielgruppe gerne aufhält, kann man diese Seiten als Placement (Platzierungen) hinterlegen. Zu den in den Placements hinzufügbaren Orten gehören:

- Konkrete *YouTube-Videos* (deren URL)
- *YouTube-Kanäle*
- Webseiten aus dem *Google* Werbenetzwerk
- Smartphone-Apps

Haben Sie beispielsweise einen Video-Clip zum Thema Kreuzfahrtreisen, können Sie *YouTube-Kanäle* zum Thema Reisen identifizieren und Ihren Clip über die Placements gezielt auf diesen Seiten schalten lassen. Sie bestimmen also, auf welchen Webseiten Ihre Zielgruppe angesprochen werden soll.

Der Vorteil dieser Optimierungsmöglichkeit ist die hohe Granularität, die es ermöglicht ein Werbemittel sehr präzise zu platzieren. Dadurch sind auch die anfallenden Kosten sehr genau justierbar. Ein großer Nachteil liegt im Aufwand begründet, den die Recherche nach geeigneten Placements mit sich bringt. Weiterhin hat diese Form des Targetings eine geringere Reichweite als die übrigen Targetings (vgl. Abb. 12).

Tipps für Ihren Erfolg

- Über Google-AdWords können Sie auf den *Planer für Display-Kampagnen* zugreifen. Das Tool hilft Ihnen die passenden Placements zu finden - auf Basis Ihrer Ziel-URL oder durch Angabe der Interessen Ihrer Zielgruppe.
- Sie können sich die Videos innerhalb derer Ihr Spot geschaltet wurde, anzeigen lassen. Anhand dieser Liste kann man unerwünschten Content identifizieren und diese Umfelder von der Ausstrahlung Ihres Spots ausschließen.

Themen: Bei dieser Targeting-Möglichkeit werden die *YouTube-Kanäle* und die Webseiten im GDN anhand ihrer thematischen Schwerpunkte bestimmten Kategorien zugeordnet. Diese Kategorien sind oftmals in weitere Unterkategorien unterteilt, so dass sich die Themenschwerpunkte für die Schaltung der Werbevideos sehr feingliedrig auswählen lassen. Natürlich gilt auch hier der der Grundsatz, dass Unterkategorien eine geringere Reichweite vorweisen können als übergeordnete Kategorien. Das bedeutet, dass Unterkategorien die Zielgruppe ggf. besser treffen, aber die Menge der User, die mit Ihrem Video in Kontakt kommt deutlich sinkt (vgl. Abb. 13).

Abb. 12 Auswahl der Placements. (Quelle: Google AdWords, Zugegriffen: 22.03.2016)

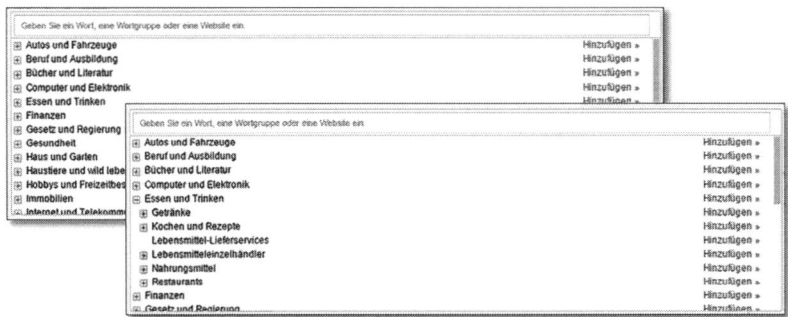

Abb. 13 Themenspezifische Targeting-Möglichkeiten. (Quelle: Google AdWords, Zugegriffen: 22.03.2016)

Wenn Sie eine Oberkategorie auswählen, sehen Sie sich gleichzeitig auch alle entsprechenden Unterkategorien an, um weitere Inspirationen für Ihre Zielgruppendefinition zu bekommen.

Interessen: Beim Targeting nach Interessen, geht es nicht um die Themen der Webseiten, für die sich ein User interessiert, sondern um Interessensschwerpunkte die anhand des Surfverhaltens einem User zugeordnet werden können. Liest sich ein User beispielsweise gerne Artikel zu aktuellen Sportthemen durch, kann ihm ein sportliches Interesse attestiert werden. Beim Targeting nach dem Interesse *Sport*, werden die Werbevideos dort ausgespielt, wo User anzutreffen sind, die sich regelmäßig zu Sport-Themen informieren (vgl. Abb. 14).

Keywords: Ihre Werbevideos und InDisplay-Anzeigen können auf der Basis von gebuchten Keywords geschaltet werden. Die gebuchten Keywords werden in Verbindung mit den passenden Video-Inhalten, *YouTube-Kanälen* und den passenden Arten von GDN-Websites gebracht. Die Targeting-Keywords aus der Kampagne werden bei den YouTube-Videos mit den Keywords aus dem Video-Titel und dem Beschreibungstext abgeglichen. Ist eine hohe semantische Übereinstimmung vorhanden, wird das *YouTube-Video* als passendes Placement identifiziert. Ob eine Ausspielung des Werbevideos dann tatsächlich erfolgt, hängt wiederum von einigen anderen Faktoren ab – wie zum Beispiel dem gebotenen Klickpreis und dem noch verfügbaren Kampagnenbudget.

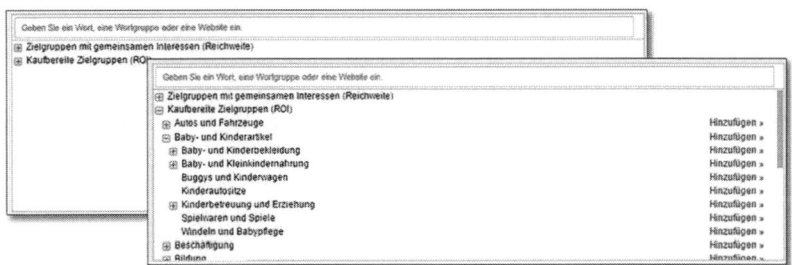

Abb. 14 Interessensbasierte Targeting-Möglichkeiten. (Quelle: Google AdWords, Zugegriffen: 22.03.2016)

Themen- und Interessenkategorien können ebenfalls für das Keyword-Targeting herangezogen und genutzt werden. Dies ist schnell und einfach umzusetzen, bietet allerdings wenig Kontrolle und Optimierungsmöglichkeiten.

Auszuschließende Ziele: Die meisten der vorgestellten Targeting-Möglichkeiten lassen sich nicht nur für die Eingrenzung der richtigen Zielgruppe aktivieren, sondern auch für den *Ausschluss* der unerwünschten Viewer. Der Ausschluss funktioniert für folgende Merkmale:

- Demografische Merkmale
- Themen
- Interessen
- Placements
- Remarketing-Listen
- KeyWords (vgl. Abb. 15)

Zusätzlich bietet *YouTube* den generellen Ausschluss sensibler Themen an (vgl. Abb. 16).

Hierzu ein kleines Beispiel, das zeigen soll, wie der Ausschluss funktioniert: Das Werbevideo eines Fahrzeugherstellers soll auf dem Thema *Autos und Fahrzeuge* ausgeliefert werden. Gleichzeitig wurde ein Ausschluss für das Interessensgebiet *Nutzfahrzeuge* eingestellt. Kommt nun ein User, der sich in den vergangenen Tagen viele Webseiten und Blogartikel zum Thema Nutzfahrzeuge angesehen hat, auf ein YouTube-Video das Zusammenschnitte der spektakulärsten

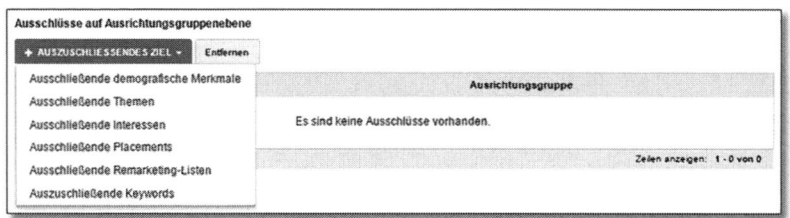

Abb. 15 Ausschlussmöglichkeiten. (Quelle: Google AdWords, Zugegriffen: 22.03.2016)

Abb. 16 Auszuschließende Inhalte einer Kampagne. (Quelle: Google AdWords, Zugegriffen: 22.03.2016)

Autorennen zeigt, so wird er das Werbevideo des Fahrzeugherstellers nicht zu sehen bekommen. Hier überwiegt in der Kampagnensteuerung das Ausschlusskriterium *Nutzfahrzeuge*.

Remarketing-Listen: Hat man das AdWords-Konto mit dem *YouTube-Kanal* verknüpft, lassen sich sämtliche User markieren und in Listen erfassen, die mit der Website des Werbetreibenden, einem seiner Videos oder dem zugehörigen *YouTube-Channel* interagiert haben. Hat man beispielsweise sämtliche Käufer eines neuen Produkts in einer Remarketing-Liste erfasst, so lässt sich die Liste dazu nutzen, diese User aus der Zielgruppe der Kampagne auszuschließen. Wer das Produkt bereits hat, muss auch nicht mehr zum Kauf überzeugt werden.

Bei der Fülle an möglichen Ausschlüssen, ist eine kontinuierliche Qualitätskontrolle unumgänglich. Einerseits muss man sicherstellen, dass die Ausschlussmöglichkeiten *nicht zu weit gefasst* wurden, wodurch ein großer Teil der potenziell wichtigen User von der Kampagne ausgegrenzt werden. Andererseits muss man sich immer wieder die letzten Platzierungen der geschalteten Videos ansehen, um die ungeeigneten Videoumfelder zu entdecken und diese über einen weiteren Ausschluss zu entfernen.

Dazu wird ein eigener Bericht bereitgestellt, den Sie unter *„Video-Targeting"* finden. Wenn Sie auf den Unter-Tab *„Placements"* klicken und dann die entsprechende Kampagne oder Anzeigengruppe anklicken finden Sie den Link *„Hier wurden Ihre Anzeigen geschaltet"*. Der Klick auf den Link öffnet den Bericht mit den Placements (vgl. Abb. 17).

Die Remarketing Methode

Die Idee des Remarketings basiert auf der Annahme, dass User, die bereits Kontakt zu einer Firma oder dessen Produkt hatten, eine höhere Wahrscheinlichkeit haben

- ihre Website noch einmal zu besuchen
- sich ihr Video noch einmal anzusehen
- eines der auf Ihrer Website angebotenen Produkte zu erwerben.

Technisch basiert das Remarketing auf einer Markierung der User (z. B. über das Setzen eines Cookies) und die Zuordnung zu einer oder mehreren Remarketing-Listen. So kann man sämtliche User, die sich Ihren *YouTube-Kanal* angesehen aber nicht abonniert haben in einer Liste sammeln und von den Usern trennen, die bereits Abonnenten sind.

Der Mehrwert der unterschiedlichen Remarketing-Listen wird dann ersichtlich, wenn man für die unterschiedlichen Gruppen ein auf die jeweilige Zielgruppe abgestimmtes Werbemittel erstellt. So können beispielsweise die Nicht-Abonnenten ein beliebtes Video aus Ihrem Kanal präsentiert bekommen, das sie noch nicht kennen – in der Hoffnung, dass sie den Kanal dann abonnieren.

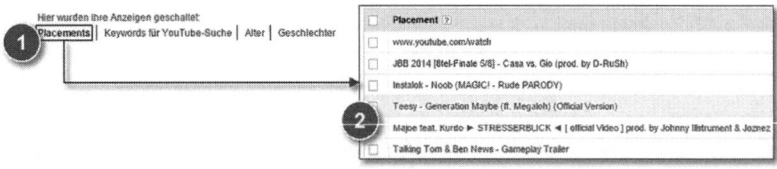

Abb. 17   Auflistung der Placements. (Quelle: Google AdWords, Zugegriffen: 22.03.2016)

Die *Vorteile des YouTube-Remarketings* sind:

- *Steigerung des Return-On-Investment:* durch die gezielte Ansprache von Usern die bestimmte Voraussetzungen erfüllen, lässt sich der ROI gegenüber einer undifferenzierten Aussteuerung von Werbemittel erhöhen.
- *Effiziente Allokation des Werbebudgets:* man kann den Werbedruck innerhalb einer sehr spezifischen Zielgruppe stark erhöhen. Die Streuverluste werden durch diese Maßnahme minimiert.
- *Ausbau der Reichweite:* hier spielen 2 Faktoren eine Rolle. Zum einen ist You-Tube die zweitgrößte Suchmaschine, wodurch sich generell sehr große Usergruppen identifizieren und in Remarketinglisten markieren lassen. Zum anderen kann man Werbemittel auch so ausspielen, dass nur User die bislang nicht markiert wurden und bestimmte Kriterien erfüllen das Werbemittel angezeigt bekommen. So kann man vermeiden, dass das Budget für „Bestandskunden" eingesetzt wird.

Ein weiterer Pluspunkt beim Einsatz des YouTube-Remarketings ist die mögliche Kombination mit *Google-AdWords. YouTube* als klassischer Reichweitenkanal wird von vielen großen Marken – ähnlich wie TV-Werbung – als Kanal zum Ausbau der Markenbekanntheit genutzt. Diese Maßnahmen des Online-Marketings zeichnen sich durch große Budgets aus, mit einem zunächst geringen messbaren Umsatzanteil. Der Vorteil des *YouTube-Remarketings* besteht nun darin, dass man sämtliche User, die sich z. B. den Werbefilm einer großen Marke angesehen haben, markieren kann und anhand des Eintrags in der entsprechenden Remarketing-Liste im gesamten *Google-Werbenetzwerk* wiederfindet und mit einer auf seiner Historie zugeschnittene Werbebotschaft ansprechen kann.

Hierzu ein Beispiel: Ein großes Kreuzfahrtunternehmen schaltet TrueView In-Stream-Werbefilme und platziert diese gezielt in Videos, die sich mit dem Thema „Karibik" befassen. Sieht sich nun ein User den Werbefilm des Kreuzfahrtunternehmens an, so wird er markiert. Falls der gleiche User 2 Monate später auf Google nach *all inclusive Reisen* sucht, wird er von *Google* als markierter User des Kreuzfahrtunternehmens erkannt. Bei *Google-AdWords* kann das Kreuzfahrtunternehmen auf Basis der Remarketing-Listen die Gebote festlegen und in diesem Fall ein deutlich höheres Gebot für den Klick abgeben, als es bei nicht markierten Usern der Fall wäre. Das ist in diesem Fall auch absolut sinnvoll, denn

1. bei einem höheren Gebot wird die Anzeige des Kreuzfahrtunternehmens deutlich sichtbarer platziert und

2. beim Klick des markierten Users, ist die statistische Buchungswahrscheinlichkeit signifikant höher als bei einem nicht markierten User.

Das Wichtigste in Kürze

- Bei allen eingesetzten Werbemitteln, muss sichergestellt sein, dass die Inhalte der Werbemittel (Text, Ton und Bilder) frei von Rechten Dritter sind und den Richtlinien von *YouTube* entsprechen.
- Mit Ihrer Anzeige müssen Sie um die Aufmerksamkeit des User kämpfen. Lenken Sie mit dem Thumbnail die Aufmerksamkeit des Users auf Ihr Video und setzen Sie sich mit Ihrer Anzeige gut sichtbar von den darunter eingeblendeten Vorschlägen ab.
- Halten Sie Ihren Bumper Ad kurz und knackig! Dieses Format funktioniert am besten in Kombination mit einer sehr markanten und leicht verständlichen Botschaft.
- Dieses Werbeformat ist sehr *auffällig,* da es direkt über den Content gelegt wird. Achten Sie aus diesem Grund auf ein präzises Targeting. Überprüfen Sie kritisch Ihre Textbotschaft und pflegen Sie die Liste mit den auszuschließenden Keywords und Placements. Eine an sich neutrale Textbotschaft kann im Zusammenhang mit dem *falschen* Video im „Hintergrund" eine andere Bedeutung bekommen. Ein Werbeslogan wie „Wir machen den Weg frei" wird in Verbindung mit einer Dokumentation über den DDR-Mauerbau eine andere Bedeutung bekommen.
- Bevor Sie mit einer *YouTube-Werbekampagne* starten, sollten Sie ein möglichst genaues Profil Ihrer Zielgruppe(n) erstellen. Dazu zählt neben der Auswertung der demografischen und regionalen Faktoren auch die Definition der relevanten Suchanfragen, der bevorzugten Umfelder der Zielgruppe, deren Interessen und das Beziffern der anvisierten Akquisekosten pro Person – auch CPA (cost per acquisition) genannt.
- Wenn Sie eine Oberkategorie auswählen, sehen Sie sich gleichzeitig auch alle entsprechenden Unterkategorien an, um weitere Inspirationen für Ihre Zielgruppendefinition zu bekommen.
- Themen- und Interessenkategorien können ebenfalls für das Keyword-Targeting herangezogen und genutzt werden. Dies ist schnell und einfach umzusetzen, bietet allerdings wenig Kontrolle und Optimierungsmöglichkeiten.

Eine große Familie – so bauen Sie Ihr Netzwerk innerhalb der YouTube-Community auf

9

Wie wir an anderer Stelle bereits dargestellt haben (vergleichen Sie hierzu Kap. 3), ist *YouTube* mehr als nur eine Suchmaschine, nämlich ein soziales Netzwerk. Leider aber sehen viele Menschen, darunter auch Marketingverantwortliche in Unternehmen und Agenturen, in *YouTube* lediglich ein Videoportalen zum Hochladen und Ansehen von Videos. Tatsache ist aber, dass *YouTube* eines der wichtigsten sozialen Netzwerke ist und demzufolge unter diesem Gesichtspunkt betrachtet und in die Social Media Strategie des Unternehmens eingebunden werden sollte. Nutzer schauen sich Filme an, schreiben Kommentare, abonnieren Kanäle oder teilen Inhalte sogar auf ihrer Website oder ihrem Blog. Über *YouTube* tauschen Menschen Ideen aus, Nutzer kommunizieren miteinander und es entstehen echte Dialoge. Nutzen Sie daher die großen damit verbundenen Potenziale, indem Sie nicht nur ansprechende Online-Videos produzieren, sondern *YouTube* aktiv in Ihre Kommunikationsstrategie einbinden und es im Sinne einer sozialen Plattform nutzen, um mit ihren Kunden in Dialog zu treten und eine Beziehung zu ihnen auf- und auszubauen.

In den folgenden Abschnitten erfahren Sie daher, wie Sie am effektivsten Ihr Netzwerk innerhalb der *YouTube-Community* aufbauen, mit Ihren Usern kommunizieren, sie erreichen und langfristig an Ihren Kanal bzw. Ihr Unternehmen binden.

Netzwerk aufbauen

Sobald Ihr Online-Video publiziert ist, beginnt der Wettbewerb um Aufrufe und entsprechende Kommentare, welche letztlich die Grundlage für erfolgreiches Online-Marketing mit *YouTube* bilden. Schließlich lebt *YouTube* insbesondere vom interaktiven Austausch der Teilnehmer.

© Springer-Verlag Berlin Heidelberg 2016
M.O. Opresnik und O. Yilmaz, *Die Geheimnisse erfolgreichen YouTube-Marketings*,
Geheimnisse des Erfolgs, DOI 10.1007/978-3-662-50317-1_9

> Ihr Ziel muss es sein, Ihr Netzwerk auf *YouTube* systematisch auf- und auszubauen.

Grundsätzlich stehen Ihnen hierzu unter anderem die folgenden sowie die in den nachstehenden Abschnitten dargestellten Ansatzpunkte zur Verfügung.

Kontakte über Google+: Da mit Ihrer *YouTube-Anmeldung* automatisch ein *Google+-Profil* für Sie errichtet worden ist, sollten Sie zunächst einmal alle Personen, Geschäftspartner und Freunde zu Ihren Kreisen hinzufügen. Auf diese Weise erhalten diese Personen automatisch eine Information, sobald Sie ein neues Video gepostet haben.

Kontakte über YouTube: Sie ebenfalls die Möglichkeit, Ihr Netzwerk direkt auf *YouTube* aufzubauen, indem Sie beispielsweise aktiv auf Interessentenvertreter Ihrer Branche zugehen und bestehende als auch potenzielle Kunden mit ansprechenden Videos dazu animieren, Ihren Kanal zu abonnieren.

> Ein wichtiger Schritt zur Vernetzung besteht darin, andere Kanäle zu abonnieren und deren Aktivitäten zu verfolgen.

Je nach der entsprechenden Konfiguration der *YouTube-Einstellungen* wird der Kanalbetreiber per E-Mail über Sie als neuen Abonnenten informiert. Auf jeden Fall sieht er im „*YouTube Studio*" unter dem Punkt „*Community*", welche Person seinen abonniert haben und kann diese dann auch entsprechend kontaktieren. Vor diesem Hintergrund besteht immer eine realistische Chance, dass ein anderer Kanalbetreiber auch Ihren Kanal anschaut, wenn Sie zuvor seinen abonniert haben. Aus diesem Grunde können Sie mit einer gezielten Auswahl Ihrer Abonnements einen ersten Kontakt mit anderen *YouTubern* herstellen und Ihr Netzwerk ausbauen. Auf jeden Fall sollten Sie ernsthaft erwägen, die Kanäle der User zu abonnieren, welche unter Ihren Videos entsprechende Kommentare hinterlassen haben.

Eine weitere Möglichkeit, Ihr Netzwerk auszubauen und *YouTube-Kontakte* zu gewinnen besteht darin, die Videos bzw. Kanäle anderer Nutzer zu kommentieren. Jeder Kommentar hinterlässt nämlich Ihren Benutzernamen und somit einen Link auf Ihren eigenen Kanal, wodurch Sie für diesen auf einfache aber effektive Art aufmerksam machen. Darüber hinaus erweisen Sie sich als engagiertes Mitglied, welches sich – ganz im Sinne des sozialen Netzwerkgedankens – auf *YouTube* engagiert.

Seien Sie vor diesem Hintergrund nicht nur Produzent von Online-Videos, sondern auch gleichermaßen interessierter Zuschauer und abonnieren Sie die Kanäle von anderen Usern und engagieren Sie sich auf *YouTube* über Kommentare.

Wichtig und beachtenswert in diesem Zusammenhang ist, dass Kommentare, welche von anderen Usern als wertvoll und hilfreich angesehen werden, unter jedem Video als *„Top-Kommentare"* ganz oben angeführt werden. Wenn Sie also hilfreiche und wertvolle Kommentare in den Augen der anderen Nutzer verfassen, so dass Ihre Anmerkungen als Topkommentare klassifiziert werden, erlangt Ihr Kanal dadurch zusätzliche Prominenz.

Eine weitere Möglichkeit, Ihr Netzwerk zu erweitern, ist die Kooperation mit einem anderen Produzenten. Durch die immer weiter wachsende Masse an Produzenten gibt es mittlerweile eine recht breite Masse an Kanälen aus den verschiedenen Interessensgebieten, die für eine mögliche Kooperation in Frage kommen. Die oberste Leitregel für die Zusammenarbeit mit anderen Produzenten sollte die „Kompatibilität" sein. Erzwingen Sie es nicht, wenn Sie sich bei der Zusammenarbeit nicht wohl fühlen.

Die beste Herangehensweise für eine Kooperation ist es nicht, sich selbst eine Idee auszudenken und den Partner so auszusuchen, dass er in die Idee passt, sondern den idealen Partner zu finden und die Idee gemeinsam zu erarbeiten.

Denn denken Sie daran, dass Sie auch die Community des Partners für sich gewinnen wollen und dafür ist der persönliche Einfluss des Partners enorm wichtig. Vergessen Sie in diesem Zusammenhang nicht, einen Mehrwert zu bieten. Da sich keine Partei ausgenutzt fühlen darf müssen auch Sie etwas in die Kooperation einbringen, das der Partner ohne die Kooperation nicht hätte, beispielsweise Expertenwissen auf einem bestimmten Gebiet sein, Videoausrüstung oder qualifiziertes Personal.

Auch die Bewertung von Online-Videos kann zur Erweiterung Ihres Netzwerkes beitragen. Mit einem Klick auf Button *„Mag ich"* unterhalb der Aufrufzahlen in zeigen Sie zum einen dem Produzenten des Videos, dass Sie den Inhalt schätzen. Außerdem erscheint Ihre Bewertung von Videos in Ihrem Unternehmenskanal. Ein weiterer Aspekt in diesem Zusammenhang ist, dass *YouTube* Ihre

Bewertungsaktivität analysiert und eine entsprechende Historie aufbaut. Wenn Sie also regelmäßig Videos bewerten, stuft Sie die Plattform eher als aktiven Nutzer ein, dessen Kommentare und Bewertungen in der Regel wertvoller eingestuft werden als die von inaktiven *YouTubern.*

Zusätzlich zu den soeben dargestellten unterstützenden Schritten in Bezug auf den Aufbau Ihres Netzwerkes wollen wir in den folgenden Abschnitten einzelne Aspekte noch etwas vertiefen sowie Ihnen weitere Ansatzpunkte an die Hand geben.

Animieren Sie zur Diskussion, stellen Sie Fragen und lassen Sie Ihr Publikum teilhaben

YouTube wäre nicht *YouTube,* wenn es die Interaktion der Zuschauer nicht geben würde. Sie waren schon immer dafür da, die Videos über die Sozialen Netzwerke zu verbreiten, Trends zu bestimmen, darüber zu entscheiden, ob ein Video gut oder schlecht ist, Verbesserungsvorschläge zu geben, neue Blickwinkel aufzuzeigen und auch Teil der Videos zu sein. Sie haben eine große Macht und man muss sie gezielt einsetzen.

Grundsätzlich geben Menschen gern ihre Meinung zu etwas ab und verteidigen diese auch. Geben Sie Besuchern Ihres Kanals daher stets die Möglichkeit, direktes Feedback, Kommentare und Anmerkungen zu Ihren Videos sowie Ihrem Kanal direkt auf *YouTube* zu geben. Hierzu müssen Sie ggfs. zunächst das Layout Ihres Kanals anpassen und bestimmen, was Zuschauer sehen, wenn sie Ihre Kanalseite aufrufen. Hierzu müssen Sie in das entsprechende Menü gehen, indem Sie die Maus über Ihren Kanalnamen bewegen und dann oben rechts auf das Bearbeitungssymbol klicken sowie anschießend „Kanalnavigation bearbeiten" auswählen. Der letzte Auswahlbereich umfasst dann den Aspekt der „Diskussion". Nur wenn diese Funktion aktiviert ist, können die Besucher Ihres Kanals über den entsprechenden Reiter Kommentare, Fragen und Feedback hinterlassen.

Wie den anderer Stelle bereits betont, ist es in diesem Zusammenhang unerlässlich, dass Ihre Videos nicht nur ansprechend und interessant für Ihre Zielgruppen sein müssen, sondern idealerweise auch geeignet sind, Diskussion anregen.

> Greifen Sie nach Möglichkeit in Ihren Videos stets Themen auf, die zur Diskussion anregen und spielen Sie eine Art Talkmaster, der seine eigene Meinung zu einem Thema darlegt und seine Zuschauer bittet, sich an der Diskussion zu beteiligen.

Das Thema kann dabei politisch, gesellschaftskritisch aber auch alltäglich und unterhaltend sein. Indem Sie hierzu Fragen stellen oder auch provokante Thesen, Lob und Kritik äußern, animieren Sie Ihre Zuschauer dazu, in die Diskussion mit Ihnen einzusteigen. Sie können hierzu sowohl die Videobeschreibung nutzen als auch entsprechende Einblendungen im Video selber vornehmen. Bei den Fragen kann es sich um einfache Ja-Nein-Fragen (Hat Ihnen unser Video gefallen?) oder auch offene W-Fragen handeln (Was hat Ihnen besonders gut gefallen? Wie können wir unsere Videos verbessern? u. a.), welche Ihren Zuschauern mehr kreativen Spielraum geben. Wenn sie Einblendungen hierzu nutzen wollen, müssen Sie aufpassen, dass die Aufforderung der Interaktion nicht untergeht. Wenn Sie daher direkt zu Beginn eine Frage stellen, aber das Video eine Laufzeit von 20 min hat, wird nur ein kleiner Bruchteil sich am Ende noch an die Frage erinnern. Stellen Sie die Frage also kurz vor Ende, klar und deutlich.

Grundsätzlich gilt: Je mehr User sich an einer Diskussion bzw. einem Dialog beteiligen, desto besser die Auffindbarkeit Ihres Kanals.

Wenn Sie auf diese Weise entsprechende Diskussionen initiiert haben, ist es zum Aufbau Ihres Netzwerkes sehr hilfreich, die Antworten und Kommentare Ihrer Nutzer konkret aufzugreifen und ihnen dadurch Wertschätzung zuteilwerden zu lassen. So können Sie auch langfristiger davon profitieren, wenn die Zuschauer sich dadurch mehr Gedanken machen und sich als aktiver Teil einer Community fühlen.

Achten Sie dabei stets darauf, zeitnah auf entsprechende Kommentare, Fragen und Rückmeldungen zu reagieren, da Sie nur dann die Chance haben, eine Diskussion zu starten und Ihr Netzwerk substanziell auszuweiten.

Sie können Ihre Community und deren Zugehörigkeitsgefühl zu Ihrem Kanal ebenfalls stärken, indem Sie Ihr Publikum mitmachen lassen und zum Handeln animieren. In Ergänzung zu den obigen Hinweisen sollten Sie daher Ihr Publikum nicht nur in den Kommentaren an Diskussionen teilnehmen lassen, sondern Sie nach Möglichkeit aktiv mit einbinden. Dies kann beispielsweise im Rahmen entsprechender Produktionsarten und Videoformate dadurch erfolgen, dass Sie Ihre Nutzer aktiv in Ihre Videos einbinden, indem Sie sie in Ihr Unternehmen oder Studio einladen oder Sie telefonisch befragen und dieses Material dann entsprechend für weitere Videos verwenden.

Wenn es strategisch und inhaltlich in Ihre Konzeption passt, sollten Sie versuchen, Ihre Zuschauer aktiv in Ihre Online-Videos einzubinden.

Kommentieren Sie die Kanäle und Videos anderer YouTuber

Wie oben bereits erwähnt können Sie Ihr *YouTube-Netzwerk* durch aktives Kommentieren anderer Kanäle und Videos ausbauen. Nutzen Sie diesbezüglich die *YouTube-Suchfunktion* und recherchieren Sie auf *Google,* in Blogs und entsprechenden Foren, um interessante Videos und Kanäle zu identifizieren. Sofern ein ganzer Kanal von Interesse und mit Ihrer strategischen Ausrichtung kompatibel ist, sollten Sie ein Kanalkommentar im Reiter „Diskussion" hinterlassen, sofern der Kanalbetreiber diese Funktion und aktiviert hat. Suchen Sie sich dabei eher aktive Kanäle und aktuelle Videos heraus. Ein Video, das den Großteil seiner Aufmerksamkeit bereits genossen hat, wird kaum noch Interaktion mit Ihrem Kommentar hervorbringen. Beobachten Sie also Ihre Abonnements und kommentieren Sie zeitnah nach Veröffentlichung, um von der zu Beginn größeren Aufmerksamkeit zu profitieren.

Wichtig ist, dass Ihre Kommentare gehaltvoll sind. Schreiben Sie daher nicht „Tolles Video!" unter einem derzeit beliebten Video.

Generell sollten Sie beim Kommentieren versuchen, einen kleinen Mehrwert zu bieten. Der Videoersteller freut sich über einen hilfreichen Kommentar und es animiert andere Zuschauer mit Ihnen zu diskutieren.

Ein konstruktives Feedback, welches konkretes Lob oder Hinweise zur Optimierung beinhaltet ist die besten Voraussetzung dafür, dass der Kanalbetreiber sich bei Ihnen revanchiert. Sie können auch einzelne Punkte aufgreifen, welcher der Betreiber eines Kanals Ihrer Meinung nach besonders gut gemacht hat. Auch können konkrete Rückfragen geeignet sein, um mit dem Kanalbetreiber in einen fruchtbaren Dialog einzusteigen. Fingerspitzengefühl ist gefragt, wenn es im Rahmen Ihres Kommentars um Ihren eigenen Kanal geht. Eigenwerbung ist zumeist unpassend und kann schnell zu Antipathie führen.

Weisen Sie im Rahmen Ihrer Videokommentare nur dann auf ein eigenes Video bzw. ihren Kanal hin, wenn es dem Kanalbetreiber und den Nutzern nachweislich weiterhilft und einen Mehrwert liefert.

Vor diesem Hintergrund und aufgrund der Tatsache, dass Ihre Kanalkommentare für alle Besucher des entsprechenden Kanals sichtbar sind und zudem direkt auf Ihr *YouTube-Profil* bzw. Ihren Kanal verweisen, sollten Sie sich die Zeit nehmen und Mühe mache, stets möglichst hochwertige Kommentare verfassen. Auf diese Weise können Sie unter Umständen von den eventuell großen Besucherzahlen auf fremden Kanälen profitieren und einige der Nutzer auf Ihren Kanal aufmerksam machen.

Tipps für Ihren Erfolg

- Greifen Sie in Ihrem Kommentar konkret Namen, Daten, Fakten und Kernaussagen des Kanals bzw. Videos auf.
- Geben Sie konkrete Hinweise, was der Produzent beim nächsten Video vielleicht besser machen kann, zum Beispiel Ausleuchtung, Ton, Beschreibungstexte.
- Vermeinten Sie pauschale negative Kritik.
- Hinterlassen Sie gegebenenfalls inhaltliche Ergänzungen und weiterführende Hinweise, sofern das Video in ihr Kompetenzfeld fällt.

No-go: Klicks und Likes kaufen

Es ist kein Geheimnis, dass es auf jeder vorhandenen digitalen Plattform möglich ist, entsprechende Fans, Aufrufe, Abonnenten usw. zu kaufen. Da die Anzahl der „Gefällt-mir-Klick", der Kommentare und Abonnenten maßgeblich den Erfolg bzw. Misserfolg von Online-Videos bedingen, ist die Versuchung natürlich groß, entsprechende Angebote in Anspruch zu nehmen. Doch derartige Maßnahmen sind – wie zahlreiche Praxis Beispiel zeigen – eher kontraproduktiv und schädlich und dies aus vielerlei Gründen. Da sind zum einen die Plattformen selber, die immer stärker und härter gegen diese Aktionen vorgehen. So gibt es auf *YouTube* verschiedenste Algorithmen, die u. a. dafür sorgen, dass der Kauf von

Abonnenten und Aufrufen bestraft wird. Merkt *YouTube* beispielsweise, dass Sie zwar Abonnenten haben, diese Ihre Videos aber nicht sehen, kaum kommentieren und die Wiedergabedauer durchschnittlich sehr kurz sind, werden Sie benachteiligt. Es kann sogar dazu führen, dass Sie Ihren *YouTube-Kanal* verlieren und gesperrt werden.

Darüber hinaus ist eine große Abonnentenzahl nicht mehr ausschlaggebend, wenn im Vergleich dazu die Aufrufe der Videos, die Bewertungen und Kommentare unverhältnismäßig sind.

> Bringen Sie sich nicht in die Lage den Anschein zu erregen, dass Sie Fans gekauft haben. Überzeugen Sie lieber mit einer aktiven Community und wachsen organisch und qualitativ.

Verknüpfen Sie Ihre anderen Social Media Profile mit YouTube

In den Kontoeinstellungen von *YouTube* können Sie im Menü „verbundene Konten" Ihre Social Media Profile mit *YouTube* verknüpfen (vergleichen Sie hierzu auch die Ausführungen in Kap. 2) sowie festlegen, welche Ihrer Aktivitäten in *YouTube* automatisch über Ihre anderen Profile verbreitet werden. Nutzen Sie die Vorteile der verschiedenen Social Media Plattformen du beschränken Sie sich nicht nur auf *YouTube*. Weisen Sie über Ihre Videos auch auf Ihre weiteren Social Media Profile und umgekehrt, um eine möglichst große sowie schnelle Verbreitung Ihrer Videos sicherzustellen.

> Informieren Sie daher möglichst nicht nur Ihre *YouTube-Abonnenten*, sondern auch Ihre *Facebook-Freunde* und Kontakte auf *LinkedIn, Twitter, Instagram* sowie sonstigen sozialen Netzwerken, wenn Sie ein neues Video veröffentlicht haben.

Wichtig ist in diesem Zusammenhang, dass Sie nur die Plattformen nutzen, die für Sie von Relevanz sind. Wenn Sie beispielsweise am Ende eines Videos zehn Netzwerke aufzählen, auf denen Sie eventuell jeweils einen anderen Nutzernamen haben, ist das eher verwirrend und kontraproduktiv. Konzentrieren Sie sich auf wenige Netzwerke und „befüllen" Sie diese stattdessen regelmäßig.

Wenn Sie Ihren *Twitter-Account* mit *YouTube* verknüpfen sollten Sie immer im Hinterkopf haben, dass Sie Ihren Twitter Feed „sauber" halten. Sie können oft zusätzliche Sympathiepunkte bei Zuschauern sammeln, wenn Sie ein Video zu einem Thema „gelikt" haben, das Sie auch beschäftigt. Zeigen Sie, wie facettenreich Sie sind! Außerdem ist es sympathisch, dass Sie – egal wie groß Ihre Reichweite ist – damit wieder andere Produzenten unterstützen und so ein aktiver Teil der Community sind.

> Bitte beachten Sie grundsätzlich, dass jedes Netzwerk seinen eigenen Gesetzen folgt, so dass ein speziell für *Facebook* bzw. *Twitter* optimierter Hinweis auf ein neues Video dessen Erfolgschancen maßgeblich steigern kann.

Mit *Google+* steht Ihnen ein weiteres soziales Netzwerk zur Koppelung zur Verfügung, welches Sie nutzen können, um Ihre Videos bekannt zu machen. Wenn Sie bereits über ein Profil bzw. eine Unternehmensseite auf *Google+* verfügen, sollten Sie auch Ihre *YouTube-Videos* darauf öffentlich machen. Dazu müssen Sie Ihren *YouTube-Kanal* mit Ihrer entsprechenden *Google+-Seite* koppeln. Dadurch erscheinen alle *Google+-Kommentare* anderer Nutzer zu Ihrem Video auch automatisch als Videokommentare in *YouTube*. Am einfachsten ist diese Kopplung, wenn sowohl der *Google+-Auftritt* als ob der *YouTube-Kanal* unter einem *Google-Konto* angelegt wurden. Es kommt nämlich darauf an, ob Sie eine *Google+-Firmenseite* oder ein personenbezogenes Profil mit einem entsprechenden *YouTube-Kanal* oder einen Kanal, welche nicht in Verbindung zu einem *Google+-Profil* steht, koppeln möchten. An dieser Stelle gehen wir vom Standardfall aus, in welchen Sie Ihr persönliches *Google+-Profil* mit Ihrem persönlichen *YouTube-Kanal* koppeln möchten und beide Accounts unter den gleichen *Google-Konto* angelegt wurden. In diesem Fall müssen Sie lediglich in den *Google+-Einstellungen* bei Ihrem Profil ein Häkchen bei *„YouTube/Videos"* setzen.

> Integrieren Sie Ihre *YouTube-Videos* in Ihr *Google+-Profil*, um deren Verbreitung und Auffindbarkeit zu optimieren.

Das Wichtigste in Kürze

- Ihr Ziel muss es sein, Ihr Netzwerk auf *YouTube* systematisch auf- und auszubauen.
- Ein wichtiger Schritt zur Vernetzung besteht darin, andere Kanäle zu abonnieren und deren Aktivitäten zu verfolgen.
- Seien Sie vor diesem Hintergrund nicht nur Produzent von Online-Videos, sondern auch gleichermaßen interessierter Zuschauer und abonnieren Sie die Kanäle von anderen Usern und engagieren Sie sich auf YouTube über Kommentare.
- Die beste Herangehensweise für eine Kooperation ist es nicht, sich selbst eine Idee auszudenken und den Partner so auszusuchen, dass er in die Idee passt, sondern den idealen Partner zu finden und die Idee gemeinsam zu erarbeiten.
- Greifen Sie nach Möglichkeit in Ihren Videos stets Themen auf, die zur Diskussion anregen und spielen Sie eine Art Talkmaster, der seine eigene Meinung zu einem Thema darlegt und seine Zuschauer bittet, sich an der Diskussion zu beteiligen.
- Grundsätzlich gilt: Je mehr User sich an einer Diskussion bzw. einem Dialog beteiligen, desto besser die Auffindbarkeit Ihres Kanals.
- Achten Sie dabei stets darauf, zeitnah auf entsprechende Kommentare, Fragen und Rückmeldungen zu reagieren, da Sie nur dann die Chance haben, eine Diskussion zu starten und Ihr Netzwerk substanziell auszuweiten.
- Wenn es strategisch und inhaltlich in Ihre Konzeption passt, sollten Sie versuchen, Ihre Zuschauer aktiv in Ihre Online-Videos einzubinden.
- Generell sollten Sie beim Kommentieren versuchen, einen kleinen Mehrwert zu bieten. Der Videoersteller freut sich über einen hilfreichen Kommentar und es animiert andere Zuschauer mit Ihnen zu diskutieren.
- Weisen Sie im Rahmen Ihrer Videokommentare nur dann auf ein eigenes Video bzw. ihren Kanal hin, wenn es dem Kanalbetreiber und den Nutzern nachweislich weiterhilft und einen Mehrwert liefert.
- Bringen Sie sich nicht in die Lage den Anschein zu erregen, dass Sie Fans gekauft haben. Überzeugen Sie lieber mit einer aktiven Community und wachsen organisch und qualitativ.
- Informieren Sie daher möglichst nicht nur Ihre *YouTube-Abonnenten,* sondern auch Ihre *Facebook-Freunde* und Kontakte auf *LinkedIn, Twitter, Instagram* sowie sonstigen sozialen Netzwerken, wenn Sie ein neues Video veröffentlicht haben.

- Bitte beachten Sie grundsätzlich, dass jedes Netzwerk seinen eigenen Gesetzen folgt, so dass ein speziell für *Facebook* bzw. *Twitter* optimierter Hinweis auf ein neues Video dessen Erfolgschancen maßgeblich steigern kann.

- Integrieren Sie Ihre *YouTube-Videos* in Ihr *Google+-Profil*, um deren Verbreitung und Auffindbarkeit zu optimieren.

Spread the News – erfolgreiche Verbreitung von Online-Videos

10

Wir haben in den vorangegangenen Abschnitten bereits darauf hingewiesen, wie Sie durch den Aufbau Ihres Netzwerkes auf *YouTube* und anderen sozialen Netzwerken sowie Aktionen wie das Koppeln Ihrer Social Media Profile an die Videoplattform die Verbreitung Ihrer Online-Videos fördern können. Ergänzend hierzu möchten wir in den nachstehenden Abschnitten darstellen, welche Möglichkeiten Sie darüber hinaus haben, Ihre Videos zu verbreiten. Voraussetzung für ein optimales Ergebnis ist, dass Ihre Produktionen Ihren Zuschauern einen echten Mehrwert bieten, beispielsweise in Form einer Problemlösung oder einfach nur durch interessanten Content. Weiterhin sollten Sie Ihre Videos wie aufgezeigt optimiert und ein entsprechendes Netzwerk aufgebaut haben.

Verbreiten und teilen von Videos auf Websites

Die Vernetzung Ihres *YouTube-Kanals* mit anderen Websites stellt eine elementare Aufgabe und Voraussetzung für eine erfolgreiche Verbreitung Ihrer Produktionen dar. Input, welcher von außerhalb der Videoplattform kommt, stellt eine Empfehlung Ihrer Inhalte dar und lässt Ihre Videos im Ranking steigen.

Nachdem Sie im Rahmen der oben dargestellten Optimierungsmaßnahmen Links auf Ihre Homepage gesetzt haben sollten Sie nun auch den umgekehrten Schritt gehen und alle Nutzer, welche auf Ihre Websites gelangen, darüber informieren, dass Sie auf *YouTube* Videomarketing betreiben. Auf diese Weise zeigen Sie allen Kunden bzw. Interessenten, wofür Ihr Unternehmen steht und inwiefern Ihre Produkte und Dienstleistungen einen Mehrwert generieren bzw. ein Problem lösen können. Grundsätzlich gibt es zwei Möglichkeiten, Ihre Videos auf Ihrer Website integrieren, welche wir nachfolgend kurz darstellen wollen.

© Springer-Verlag Berlin Heidelberg 2016

M.O. Opresnik und O. Yilmaz, *Die Geheimnisse erfolgreichen YouTube-Marketings*, Geheimnisse des Erfolgs, DOI 10.1007/978-3-662-50317-1_10

Integration eines YouTube-Icons auf der eigenen Website: Die einfachste Möglichkeit, Ihre Videos auf Ihrer Website zu promoten besteht darin, ein *YouTube-Icon* im Kopf- oder Fußbereich Ihrer Homepage zu integrieren. Dadurch erhält ihr Unternehmenskanal einen starken Referenzlink und Sie signalisieren den Besuchern Ihrer Homepage, dass sie auf YouTube vertreten sind. Nach erfolgter Integration können Nutzer mit nur einem Klick von Ihrer Homepage auf Ihren *YouTube-Kanal* gelangen, was wiederum optimale Bedingungen für mehr Abonnenten und Abrufzahlen darstellt.

Einbetten von Videos: Mit der so genannten *„Embedding-Funktion"*, also der Möglichkeit des *„Einbettens"*, können Sie Ihre Videos einfach in Ihre Homepage und andere Websites einbinden. Wie bereits oben kurz beschrieben (vergleichen Sie hierzu bitte die Ausführungen des Abschnittes *„OffPage-Optimierung"* in Kap. 7) müssen Sie zur Nutzung dieser Funktion lediglich auf das „Teilen-Icon" klicken und anschließend „Einbetten" auswählen. Danach kopieren Sie den durch *YouTube* erzeugten Quellcode in Ihren Blog oder auf Ihre Websites. Bei einigen Programmen wie beispielsweise *Wordpress* genügt es auch einfach, den ULR-Link des Videos, welcher im Internetbrowser angezeigt wird, zu kopieren, um das Video in einen entsprechenden Blog einzubinden. Dadurch ermöglichen Sie es Ihren Nutzern, mit einem einfachen Klick auf den Abspielbutton die entsprechenden Videoinhalte wiederzugeben. Für den Nutzer hat das den Vorteil, dass er Ihre Website nicht erst verlassen muss, um auf Ihren *YouTube-Kanal* zu kommen. Weiterhin können Sie davon ausgehen, dass der Nutzer bei dieser Vorgehensweise vor dem Klick auf das Video schon einen Blick auf den entsprechenden Kontext geworfen hat, also in der Regel schon weiß, um welche Firma, welche Branche und welche Dienstleistungen es sich handelt. Auf der eigenen Webseite gibt es – im Gegensatz zu *YouTube* – neben den Videos einen größeren Kontext, welcher Nutzer dazu bringen kann, sich weiter mit Ihrem Unternehmen zu beschäftigen. Nachteilig an dieser Vorgehensweise ist, dass hierbei die Kommentar- und Bewertungsfunktionen eingeschränkt sind und so die Interaktion mit den Zuschauern erschwert wird. Hinzu kommt, dass es einige Nutzer auch als störend empfinden können, wenn auf einer Homepage mehrere Videos eingebettet sind, so dass es mitunter ratsam ist, das Einbetten eher im Rahmen eines Blog-Artikels zu nutzen.

Vor diesem Hintergrund sollten Sie für sich abwägen, was Ihnen im Hinblick auf Ihre Zielsetzung wichtiger ist. Sollen die User unbedingt in den Kommentaren mitwirken und interagieren? Dann können Sie zum Beispiel auch einen Screenshot des Videos mit einem Play-Button auf der Homepage einbetten, so dass der User durch einen Klick auf Ihrer *YouTube-Seite* landet. Wenn Sie im Rahmen des Videos nur etwas kurz zeigen wollen und die Interaktion nicht im

Vordergrund steht, ist das Einbetten – vornehmlich im Rahmen eines Blog-Artikels – durchaus zielführend.

Aufgrund der jeweiligen Vorteile empfiehlt es sich, eine zweigleisige Strategie zu fahren, indem Sie einerseits ausgewählte Videos – bei welchen die Interaktion keine zentrale Rolle spielt – im Rahmen von Blogs und anderen Formaten auf Ihrer Website einbinden und andererseits die Möglichkeit der Verbreitung dieser und anderer Videos über *YouTube* nutzen, um neue Kontakte, Interessenten oder sogar Kunden zu gewinnen.

Videos über Social Media Kanäle verbreiten

Wie bereits im Kap. 9 dargestellt (vergleichen Sie hierzu bitte den Abschnitt „Koppeln Sie Ihre Social Media Profile an *YouTube*") ist es neben der Verbreitung Ihrer Videos auf YouTube unverzichtbar, auch über andere Social Media Kanäle Informationen über Ihren *YouTube-Kanal* bzw. neue Online-Videos zu verbreiten. Wie aufgezeigt kann jedes Ihrer Online-Videos in den entsprechenden Social Networks über die Funktion „Teilen" verbreitet werden. Neben dieser Funktion können Sie auch die entsprechende Video-ULR kopieren und in Ihre Postings auf den jeweiligen Social Networks einbinden. Achten Sie dabei darauf – wie oben ausgeführt – speziell zum jeweiligen Netzwerk passend auf entsprechende Inhalte hinzuweisen.

Vermeiden Sie es, für die Verbreitung Ihrer Video-Inhalte und entsprechende Kommunikation mit den jeweiligen Nutzern der unterschiedlichen Social Networks den gleichen Text zu verwenden.

Tipps für Ihren Erfolg

- Bei der Verbreitung über *Facebook* sollten Sie darauf achten, nicht den Direktlink in die Beschreibung zu inkludieren, sondern eine separate Video-Vorschau aus dem Video zu schneiden und erst dann auf *Facebook* hochzuladen, da Sie Reichweite verlieren.

- Achten Sie bei *Twitter* darauf, dass der Text nicht zu lang ist und Sie einen, maximal zwei passende Hashtags verwenden.
- Bei *Instagram* können Sie die Möglichkeit nutzen, einen Direktlink zum jeweiligen Video im Profil zu verlinken und dann für jedes neue Video entsprechend zu ändern.

Im Hinblick auf die Verbreitung von Online-Videos über die sozialen Netzwerke sollten Sie außerdem beachten, in welcher Frequenz Sie auf neue Online-Videos hinweisen. Wenn Sie beispielsweise mehrmals täglich entsprechende Videoinhalte auf Ihren Kanal hochladen, müssen Sie sicherstellen, dass Ihre Fans in den sozialen Netzen durch diese Taktfrequenz an Hinweisen nicht überfordert werden. Hier gilt wiederum das Motto „Weniger ist mehr".

E-Mails, Online-PR und Gastbeiträge als sonstige Verbreitungsmöglichkeiten

Zusätzlich zu den oben bereits dargestellten Möglichkeiten stellen auch die nachstehend dargestellten Kommunikationsformen (E-Mail, Online-PR sowie Gastbeiträge) geeignete Wege der Verbreitung Ihrer Online-Videos dar.

Verbreitung von Online-Videos über E-Mail: Die E-Mail stellt immer noch die am meisten genutzten Kommunikationsformen im Internet dar. Eine einfache aber äußerst effektive Möglichkeit, die Steigerung des Bekanntheitsgrades Ihres *YouTube-Kanals* zu fördern oder gar einzelne Videos zu promoten besteht darin, Ihre *E-Mail-Signatur* hierfür zu nutzen. Diese Signatur wird automatisch an Ihre Nachrichten gehängt, sobald diese versandt werden. Voraussetzung ist, dass Sie zuvor eine entsprechende Signatur eingerichtet haben. In der Regel werden Sie bereits mit installierten Kontaktdaten Ihres Unternehmens unter der E-Mail-Nachricht arbeiten. In diesem Zusammenhang ist es leicht und gleichzeitig äußerst effektiv, an dieser Stelle noch einen Verweis auf Ihre *YouTube-Aktivitäten* zu inkludieren. Gleiches gilt selbst verständlich auch für Ihre anderen Social Media Aktivitäten. Dies können Sie entweder in Form eines einfachen Links machen oder eine grafische Lösung in Form eines entsprechenden Logos nutzen.

Nutzen Sie Ihre E-Mail-Signatur als kostenlose und einfache Möglichkeit, so häufig wie möglich auf Ihre *YouTube-Aktivitäten* aufmerksam zu machen.

Sicherlich betreiben Sie mit Ihrem Unternehmen bereits Email Marketing, beispielsweise in Form von Newslettern, welche sie an Ihre Kunden senden. Ähnlich wie bei einer normalen E-Mail macht es auch an dieser Stelle Sinn, einen Verweis auf Ihren *YouTube-Kanal* einzubauen. Alternativ bzw. additiv sollten Sie darüber nachdenken, Ihre neuesten Videos – sofern diese für Ihre Kunden einen Mehrwert darstellen – in Form einer Kundenmail an den gesamten Empfängerkreis zu schicken.

Verbreitung von Online-Videos über Online-PR: Auch in der Online-Welt ist *Public Relations (PR)* fester Bestandteil einer integrierten Kommunikationsstrategie. Die *Öffentlichkeitsarbeit* umfasst dabei vereinfacht gesagt alle Maßnahmen, welche den Bekanntheitsgrad eines Unternehmens und seiner Produkte und Dienstleistungen gegenüber allen *Interessengruppen (Stakeholder)* fördern, d. h. neben Kunden u. a. auch Konkurrenten, Lieferanten und Lobby-Gruppen. Häufig suchen vor allem regionale Zeitungen oder Nachrichtensender nach interessanten Geschichten. Dies können Sie sich zu Nutze machen, indem Sie die Medien proaktiv einbinden und entsprechend informieren. Auf diese Weise können Sie zusätzliche Reichweite generieren, insbesondere wenn von außen her auf Ihre *YouTube-Videos* bzw. Ihren Kanal verwiesen wird.

Verbreitung von Online-Videos über Gastbeiträge: Eine weitere Möglichkeit der Verbreitung Ihrer Online-Videos besteht darin, andere Websitebetreiber zu überzeugen, Ihre Inhalte auf deren Seiten einzubetten. Dies kann beispielsweise über entsprechende Gastbeiträge erfolgen. Voraussetzung hierbei ist jedoch, dass die entsprechenden Beiträge vom Thema her zu dem des Blogs bzw. der Website des Betreibers passen, der Beitrag nicht zu viele Keywords enthält und keinen reinen Verkaufstext ohne substanziellen Mehrwert für den Leser darstellt. Vor allem zu Beginn Ihres YouTube-Engagements sind Gastbeiträge interessant, wenn Sie in der Lage sind, nicht nur ansprechende Videos zu produzieren sondern auch einen entsprechenden Text zu schreiben. Unter diesen Voraussetzungen lassen sich passende Blogs oder Homepages finden, welche Ihr Video verlinken und dadurch Traffic generieren und damit indirekt auch dabei helfen, Ihr Unternehmen und Ihre Produkte bekannter zu machen. Im Gegenzug bieten Sie dem Betreiber einen Mehrwert durch hochwertigen Content bringen und ihm Arbeit abnehmen. Dadurch entsteht eine „Win-win-Situation".

> Suchen sie nach thematisch passenden Blogs, Websites und Newsseiten und bieten Sie den Betreibern einen aus deren Sicht echten Mehrwert durch hochwertige Inhalte, was wiederum der Verbreitung Ihrer Online-Videos zu Gute kommt.

Das Wichtigste in Kürze

- Aufgrund der jeweiligen Vorteile empfiehlt es sich, eine zweigleisige Strategie zu fahren, indem Sie einerseits ausgewählte Videos – bei welchen die Interaktion keine zentrale Rolle spielt – im Rahmen von Blogs und anderen Formaten auf Ihrer Website einbinden und andererseits die Möglichkeit der Verbreitung dieser und anderer Videos über *YouTube* nutzen, um neue Kontakte, Interessenten oder sogar Kunden zu gewinnen.

- Vermeiden Sie es, für die Verbreitung Ihrer Video-Inhalte und entsprechende Kommunikation mit den jeweiligen Nutzern der unterschiedlichen Social Networks den gleichen Text zu verwenden.

- Nutzen Sie Ihre E-Mail-Signatur als kostenlose und einfache Möglichkeit, so häufig wie möglich auf Ihre *YouTube-Aktivitäten* aufmerksam zu machen.

- Suchen sie nach thematisch passenden Blogs, Websites und Newsseiten und bieten Sie den Betreibern einen aus deren Sicht echten Mehrwert durch hochwertige Inhalte, was wiederum der Verbreitung Ihrer Online-Videos zu Gute kommt.

So werden Sie zum YouTube-Star – Erfolgsfaktoren für Unternehmen und Unternehmer

11

YouTube als größte Videoplattform der Welt hat einige Menschen weltweit zu einer neuen Generation von Stars gemacht! Was vor einem Jahrzehnt mit Heim- und Katzenvideos begann, ersetzt inzwischen für immer mehr Menschen das herkömmliche lineare Fernsehen. Das *Gangnam-Style-Video* des Künstlers *Psy* knackte in kurzer Zeit die Zuschauergrenze von 1 Mrd. und auch *Felix Baumgartners* Sprung aus dem All wurde über *YouTube* weltweit von einem Millionenpublikum live mitverfolgt. Auf *YouTube* werden täglich millionenfach Klicks generiert – und dadurch eigene Stars. Unangefochtener Mega-Star und Topverdiener unter den *YouTube-Stars* ist der Schwede *Felix Kjellberg*, im Netz bekannt als „*PewDiePie*". Seine mehr als 42 Mio. Abonnenten verhalfen ihm nach Angaben des Magazin „*Forbes*" bereits im Jahre 2014 zu einem Einkommen von zwölf Millionen Dollar (11 Mio. EUR). Seine Zuschauer sehen ihm regelmäßig beim Testen von Videospielen zu. In der „*Forbes*"-Liste der amerikanischen *YouTube-Topverdiener* schafft es selbst die zehntplatzierte *Rosanna Pansino* noch auf etwa 2,5 Mio. US$ (2,3 Mio. EUR) im Jahr.

Ganz so viele Abonnenten wie die Vorbilder aus Amerika haben die Stars der deutschen *YouTube-Szene* zwar noch nicht, doch auch ihre Kanäle verzeichnen deutlich über eine Million Abonnenten. Für immer mehr junge Nutzer stellen diese *YouTube-Stars* Vorbilder dar, betont die 16-jährigen Gymnasialschülerin *Danica*. Hinzu kommt nach Auffassung der 17-jährigen *Katalin*, welche dasselbe Gymnasium in Norddeutschland wie *Danica* besucht, dass diese *YouTuber* näher an den Jugendlichen „dran" sind und sie daher besser erreichen können. Die Jugendlichen heute sind sehr viel auf *YouTube* unterwegs, suchen sich dort Vorbilder und eifern diesen nach, weiß die Schülerin zu berichten. Künstler wie „*Y-Titty*" oder „*Bibi*" haben den Durchbruch geschafft, und einige der deutschen

© Springer-Verlag Berlin Heidelberg 2016   159
M.O. Opresnik und O. Yilmaz, *Die Geheimnisse erfolgreichen YouTube-Marketings*,
Geheimnisse des Erfolgs, DOI 10.1007/978-3-662-50317-1_11

YouTuber verdienen teilweise bis zu sechsstellige Beträge im Jahr, wie *Bertram Gugel,* Berater im Bereich Webvideo, gegenüber der „*Rheinischen Post"* schätzt. Realistischerweise sollten Sie zu Beginn Ihrer *YouTube-Aktivität* natürlich nicht damit rechnen, dass Ihre Videos über Nacht weltweite Bekanntheit erlangen, gleich ob Sie nun als Unternehmen im Rahmen von Social Media Marketing, Selbstständiger mit eigenem Unternehmen oder Künstler unterwegs sind. Dennoch stehen Ihre Chancen angesichts der Disruption der Fernseh- und Medienwelt gut, sich als Experte und Video-Content-Produzent in einer Nische zu etablieren und auf diese Weise Bekanntheit, Image und Abverkauf zu steigern.

> Eine Schritt-für-Schritt Anleitung, um *YouTube-Star* zu werden gibt es, wie Sie sich vorstellen können, natürlich nicht.

Die notwendigen Anpassungen am Kanal sind für jedes Format, jedes Land und jede Zeit anders. Manchmal ergibt es Sinn Grundkonzepte von derzeit Erfolgsgeschichten zu übernehmen und mit der persönlichen Note zu etwas Besonderem machen, vielleicht sollten Sie aber genau jetzt auf etwas anderes setzen und damit auf einen neuen Trend aufspringen oder gar einen neuen selbst erschaffen.

Ungeachtet dessen haben viele erfolgreiche *YouTuber* Folgendes gemeinsam: Sie sind ausgezeichnet vernetzt und beziehen ihre stetig wachsende Community mit ein, indem sie gezielt Interaktionen fördern. Sie arbeiten mit regelmäßigen Veröffentlichungen daran, ihre Abonnentenzahl zu steigern und nutzen diesbezüglich auch häufig Promotion-Aktionen wie Wettbewerbe und Gewinnspiele. Sie legen ihren Aktivitäten eine langfristige Strategie zu Grunde, welche optimal auf ihre Zielgruppe zugeschnitten ist und ihnen hilft, klar definierte Ziele zu erreichen.

Vor diesem Hintergrund wollen wir im Folgenden diese zentralen Erfolgsfaktoren darstellen, welche die Grundvoraussetzung für Ihren Erfolg auf *YouTube* bilden.

Adressatenspezifische Kommunikation

Ein Schlüssel zum Erfolg auf *YouTube* liegt in der *adressatenbezogenen Kommunikation:* Wenn Sie Ihr Publikum überzeugen wollen, muss Ihr Content stets adressatenbezogen sein, d. h. für Ihre Zielgruppe von Interesse, relevant und ansprechend sein.

> Sie kennen Ihre Community im Idealfall am besten, nutzen Sie das!

Drücken Sie sich förmlicher aus, wenn es zu Ihrem Kanal und Ihrem Publikum besser passt oder drücken Sie sich lässig und persönlich aus, wenn Sie das Gefühl haben, dass Ihre Zielgruppe so angesprochen werden will. Obgleich Sie für Ihre Zuschauer in Videoform vor einem Bildschirm sind findet trotzdem eine Konversation statt. Stellen Sie sich also grundsätzlich vor, dass Sie von Angesicht zu Angesicht Ihren Zuschauern gegenübersitzen. Wie würden Sie mit ihnen reden? Das ist wirklich wichtig, weil sich Ihre Zuschauer sonst nicht wohl fühlen. Sie wollen, dass Ihr Zuschauer im Idealfall bis zum Ende des Videos zusieht. Und deshalb sollten Sie durch besagte adressatenspezifische Kommunikation dafür sorgen, dass er sich richtig angesprochen und verstanden fühlt.

Der Beginn einer wunderbaren Freundschaft – Zuschauer binden

Zuschauerbindung kann auf verschiedenen Wegen möglich sein. Am besten stellen Sie sich die Bindung wie eine wirkliche Freundschaft vor: Wenn keine Partei einen Zeitpunkt für ein Treffen festlegt, verschiebt sich die Zusammenkunft immer wieder. Jeder findet verschiedene Gründe, die wichtiger erscheinen, und man verliert sich aus den Augen. *„Freitag ist Y-Titty-Tag"* – das haben die über drei Millionen Fans der Kölner Comedians gelernt und auch aus diesem Grunde dementsprechend regelmäßig im Channel vorbeigeschaut.

> Veröffentlichen Sie regelmäßig neue Videos – am besten in einer festen und kommunizierten Frequenz.

Auf diese Weise können sich Ihre Fans an einen Zeitplan gewöhnen. So kann keine Bindung aufgebaut werden! Seien Sie die Person, die ein Datum und am besten auch eine Uhrzeit festlegt. Je genauer, desto besser. Schließlich können Sie nicht erwarten, dass Ihre Verabredung bzw. Ihr Zuschauer den ganzen Tag Zeit hat, auf Ihr Video zu warten. Ein beständiger Veröffentlichungszeitplan kann Ihnen helfen, eine treue Anhängerschaft aufzubauen. Machen Sie den Vergleich mit einer TV-Serie: Jeder freut sich auf die nächste Folge und man weiß genau, wann diese erscheint. Versuchen Sie deshalb, jede Woche oder zumindest jede zweite Woche ein neues Video zu veröffentlichen.

Machen Sie in diesem Zusammenhang bitte nicht den Fehler, Treffen zu vereinbaren, die Sie (schwer) einhalten können. Haben Sie es zugesagt? Geben Sie Ihr Bestes, um Ihr Versprechen einzuhalten. Kommt Ihnen etwas extrem Wichtiges dazwischen? Sagen Sie früh genug ab, schließlich will niemand zu einem vereinbarten Treffen erscheinen und erst am Treffpunkt erfahren, dass das Treffen verschoben wurde. So lange es nicht zur Regel wird, dass Sie im letzten Moment absagen, verzeiht Ihre Verabredung bzw. Ihr Zuschauer Ihnen. Wichtig ist nur, dass Sie ehrlich sind.

Wenn Sie eine stärkere Bindung zu Ihren Zuschauern aufbauen wollen, sprechen Sie sie persönlicher an. Reden Sie nicht von „Ihr" sondern „Du" oder „Sie". Sie haben eine persönliche Konversation mit jedem einzelnen Zuschauer und es vermittelt das Gefühl von etwas Besonderem. Sie nehmen sich Zeit für jeden einzelnen Zuschauer und sie werden es Ihnen in der Regel durch mehr Interaktion mit Ihrem Kanal danken.

> Versuchen Sie, Ihre Zuschauer stets als einzelne Individuen statt als große Masse zu sehen!

Es war einmal – mit Videos Geschichten erzählen

> Erzählen Sie, wenn es das Konzept Ihres Kanals zulässt, eine Geschichte.

Dadurch sind die Inhalte für Ihre Zuschauer leichter zu verarbeiten. Lassen Sie Ihre Zuschauer an der Entwicklung teilhaben. Schließlich sind Sie auch nur ein Mensch, lassen Sie das Ihre Zuschauer wissen! Verfolgen Sie ein größeres Ziel, haben Sie einen großen Traum und der Kanal hilft Ihnen dabei? Erzählen Sie Ihren Zuschauern, warum Sie den Kanal betreiben.

Anders als im Fernsehen können auf *YouTube* auf diese Weise auch längere Anzeigen und andere Formate geschaltet werden. Unternehmen haben somit die Möglichkeit, Geschichten zu erzählen, welche die Zuschauer wirklich interessieren.

Beispiel

Sehen Sie sich zum Beispiel das Video *„The Last Game"* von *Nike Football* an: Obgleich das Video mehr als 5 min dauert hat es bisher mehr als 90 Mio. Aufrufe erzielt. In diesem dritten Teil der #RiskierAlles Kampagne begeben sich die *Nike-Vorzeigespieler*, darunter *Cristiano Ronaldo, Franck Ribéry* und *Zlatan Ibrahimovic* auf eine Art Mission. Sie nehmen es in dem Clip mit den Klonkickern eines Superhirns namens *„The Scientist"* auf, welche die einstigen Topstars ersetzt haben. Das Ganze ist mit Humor gewürzt: So arbeitet der Portugiese *Ronaldo* in seinem fiktiven Normalo-Leben als Schaufenster-Dekoration und *Neymar* versucht als Friseur. Mit dieser Art von Videos und Storytelling ist es *Nike* gelungen, eine neue Generation von Fußballfans auf innovative und überraschende Weise für sich einzunehmen (vgl. Abb. 1).

Dieses Video zeigt anschaulich, in welche Richtung sich Bewegtbild-Werbung entwickelt: Weg von blanken Kaufanreizen, hin zu Markenbekanntheit, Emotionalität und starkem Content, betont *Oliver Rosenthal*, Industry Leader Creative Agency bei *Google*.

Abb. 1 Video *„The last game"* der Firma *Nike*. (Quelle: https://www.youtube.com/ watch?v=Iy1rumvo9xc, Zugegriffen: 11.03.2016)

Um spannende und ertragreiche Themen für Geschichten und Videos zu finden, sollten Sie Ihre Innensicht verlassen und sich differenziert und präzise in die Lebensumstände, die Herausforderungen, das Lebensgefühl, die Nutzungssituationen und die Erwartungshaltungen Ihrer Zielgruppe hineinversetzen. Mit entsprechenden Geschichten im Rahmen von Videos können sie Emotionen hervorrufen und das Publikum fesseln.

Es ist in diesem Kontext von Vorteil, wenn Ihre Geschichten sich innerhalb des Kanals nicht zu sehr voneinander unterscheiden, sonst können Sie Ihre Zuschauer verlieren. Achten Sie lieber darauf, Ihre Zuschauer auf dem Weg mitzunehmen, indem Sie sie einbinden und zum Teil einer Geschichte werden lassen.

Der optimale Video-Aufbau für eine nachhaltige Zuschauerbindung

Die Videos erfolgreicher *YouTuber* werden nicht nur von vielen Menschen angesehen, sondern vor allem auch von Anfang bis Ende angeschaut. Sie können davon ausgehen, dass der durchschnittliche Nutzer von *YouTube* viele Videos hintereinander anschaut und die Betrachtungsfrequenz entsprechend hoch ist. Videos, welche den Nutzern nicht auf Anhieb gefallen, werden sehr schnell weggeklickt. Um eine hohe Absprungrate zu vermeiden und eine lange Wiedergabedauer Ihrer Videos sicherzustellen, sollten Sie die nachstehend kurz erläuterten Aspekte berücksichtigen.

Der Opener entscheidet: Die ersten drei Sekunden sind die wichtigsten, denn sie entscheiden, ob der Zuschauer dem Video eine Chance gibt oder es sofort beendet. Als Opener können Sie zum Beispiel das Video in einem Satz beschreiben oder eine besonders hervorstehende Szene vorwegnehmen, um die Neugier Ihrer Zuschauer zu wecken. Probieren Sie ruhig verschiedene Opener aus und beobachten Sie, wie Ihre Zuschauer auf die jeweiligen Opener reagieren.

Das Intro dient der Markenbekanntheit: Nach dem Opener können Sie, wenn Sie Ihre Markenbekanntheit weiter ausbauen wollen, ein geeignetes Intro verwenden. Bitte machen Sie das Intro allerdings nicht zu lang! Das Intro muss in seiner Farbgebung und Stil zum Kanal passen. Verzichten Sie auf viel Text und unnötige Animationen. Bezüglich der Länge müssen Sie eine TV-Show mit einer Länge von 40 min in Relation zu einigen wenigen Minuten *YouTube-Video* sehen. Ihr Intro sollte im Vergleich also etwa 1/10 der herkömmlichen TV-Intros betragen. Wenn Sie ein längeres Intro wählen, weil Sie zum Beispiel selbst längere Videos produzieren, können Sie einen Kompromiss eingehen und Ihr Intro mit ein wenig

Mehraufwand jedes Mal etwas anders gestalten. Eine andere Möglichkeit besteht darin, eine lange und eine kurze Version des Intros zu produzieren.
Direkter Einstieg: In der Kürze liegt die Würze! Versuchen Sie nach Möglichkeit innerhalb von maximal 6 s auf den Punkt zu kommen. Ihre Zuschauer haben Ihnen ihre Zeit geschenkt und wollen in der Regel gleich zu Beginn erfahren, was sie im Video erwartet. Von daher sollten Sie den Mehrwert Ihrer Videos für Ihre Zuschauer idealerweise gleich in den ersten Sekunden verdeutlichen. Wenn Ihre Zuschauer einmal damit angefangen haben, im Video zu springen, stellt dies langfristig ein Risiko für die Zuschauerbindung dar. Die Bereitschaft Ihrer Zuschauer zum Überspringen von Stellen oder gar Wegklicken des Videos wird nämlich bei jedem Mal größer.

Let me entertain you: Wie genau Sie den Inhalt Ihres Videos aufbauen, ist Ihnen überlassen. Von 60 s bis 60 min und darüber hinaus ist alles möglich. Alles kann seinen verdienten Erfolg erlangen, wenn Sie stets ein Auge darauf haben, dass es nicht langweilig wird. Schaffen Sie es, Ihre Zuschauer über die komplette Dauer des Videos zu unterhalten, informieren oder belustigen? Dann haben Sie anscheinend Ihre Zuschauer gut analysiert und wissen, was Sie tun. Bringen Sie Ihre Inhalte präzise auf den Punkt, um Ihre Zuschauer mit einer gleichbleibenden Informationsdichte zu versorgen.

> Als Faustregel hinsichtlich der Länge Ihrer Videos sollten Sie sich an die Maxime „*So lang wie nötig, zu kurz wie möglich*" halten.

Machen Sie sich schon vor der Produktion Ihrer Filme – wie bereits weiter oben dargestellt – über die Dauer Gedanken! Natürlich können Sie in der Postproduktion zwar Stellen kürzen oder komplett entfernen, aber darunter kann die ganze Komposition leiden. Erstellen Sie daher wie aufgezeigt ein Skript für Ihr Video und stoppen Sie die Zeit. Planen Sie das Intro, Moderationen, Schnitte und Diverses grob mit ein und entscheiden Sie anhand dieser Informationen, wie Sie Ihr Video gestalten.

Ist Ihr Video wahrscheinlich zu lang? Überlegen Sie sich vorher, bei welchem Teil Sie sich kürzer fassen oder welchen Sie gar weglassen können. Durch die Vorplanung wird die Qualität Ihres Videos höher als durch die starke Bearbeitung in der Postproduktion.

Es kann sich aber auch herausstellen, dass Ihr Video zu kurz ist. In diesem Fall können Sie sich überlegen, welchen Punkt man evtl. weiter ausführen könnte.

Vielleicht entscheiden Sie aber auch anhand dessen, dass das Thema dieses Videos evtl. für ein Video nicht genügt.

Durch diese Herangehensweise und Beobachtung der weiteren Kanäle mit vergleichbaren Themenbereichen können Sie eine grobe Orientierung hinsichtlich der für Sie optimalen Länge von Videos herleiten.

Wollen Sie einen Sketch oder eine ähnliche, kurze Geschichte erzählen? Versuchen Sie, unter zehn Minuten zu bleiben. Sie sollten aber darauf achten, dass Sie nicht kürzer als zwei Minuten produzieren, da bei der Länge von Videos evtl. Ihre Zuschauer entscheiden, dass es sich nicht lohnt die Pre-Rolls, die teilweise 15 s lang sind, anzusehen.

Sollte Ihr Video eher dafür geeignet sein, um unterwegs gesehen zu werden? Dann versuchen Sie, Ihre Filme tendenziell kürzer zu halten, dann kann sich Ihr Zuschauer an der Bushaltestelle, in der Warteschlange oder im Restaurant Ihr Video ansehen. Bei über fünf Minuten wandert das Video schneller in die „Später ansehen"-Liste, welche eher ein Euphemismus für „vielleicht irgendwann ansehen" ist.

Sind Ihre Zuschauer zu Hause, haben WLAN und mehr Zeit für Ihr Video? Dann können Sie sich tendenziell mehr Zeit nehmen und Ihre Videos länger halten. Wenn Sie durch längere Videos und eine höhere durchschnittliche Zuschauerbindung die insgesamt gesehenen Minuten Ihrer Videos erhöhen, wird *YouTube* Sie dafür belohnen! Sie scheinen dann nach dem Algorithmus ein Video-Produzent zu sein, der es schafft die Zuschauer auf *YouTube* zu halten und das ist viel Wert für *YouTube!*

Vergessen Sie bei alldem nicht, stetig an den Videos zu arbeiten. Behalten Sie die Zuschauerbindung im Auge und bringen Sie hin und wieder Abwechslung in Ihre Videos ein. Entwickeln Sie sich weiter, denn um Sie herum entwickelt sich alles ständig weiter.

Das Happy End: Wenn Sie am Ende Ihres Videos angelangt sind, haben Sie die Wahl, ob dies schnell oder langsam ausgestaltet ist. Bei einem *schnellen Ende* beenden Sie Ihr Video mit wenigen Worten, vielleicht sogar wortlos, um Ihre Zuschauer nicht zu langweilen. Wenn sie das Outro bzw. den Abspann Ihres Videos möglichst kurz halten, minimieren Sie die Gefahr, dass Nutzer ansonsten vorzeitig das Video beenden. Dies kann dann negative Auswirkungen auf das Ranking des Videos nach sich ziehen. Außerdem haben Sie dadurch eine höhere durchschnittliche Zuschauerbindung. Der Nachteil hierbei ist, dass Sie nicht so viel Einfluss auf die Wahl des weiteren Vorgehens nehmen können. Sie müssen fast blind darauf vertrauen, dass Ihre Zuschauer Interesse daran haben, mehr Ihrer Videos zu sehen, zu teilen oder Ihren Kanal zu abonnieren. Bei einem *langsamen*

Ende fügen Sie eine sogenannte *Endcard* ans Ende Ihres Videos. Obgleich Sie eine visuelle Trennung zwischen Inhalt und Endcard haben merkt der Zuschauer den Wechsel, was zu einem starken Einbruch der Zuschauerbindung führen kann. Andererseits besteht durchaus die Chance, dass bei aufmerksamen Zuschauern die Wahrscheinlichkeit steigt, Ihren Hinweis zum Teilen, Abonnieren, Liken oder Kommentieren aufzugreifen. Keine der Varianten ist perfekt. In der Praxis hat sich eher eine Mischung bewährt. Hängen Sie also, wenn Sie sich dabei wohl fühlen, eine kurze Endcard an Ihre Videos an. Sie kann nur grafisch oder auch moderiert sein. Notieren Sie das Wichtigste und benutzen Sie nur einen bis maximal zwei *Call-to-Actions*.

Den perfekten Aufbau gibt es natürlich nicht, da je nach Genre, Inhalt und Gewohnheiten der Zuschauer ein anderer Aufbau besser passt.

Sie müssen anhand einiger Faktoren entscheiden, welcher Aufbau zu Ihnen am besten passt. Dies können Sie selbst gut herausfinden, indem Sie andere Kanäle aus Ihrem Bereich ansehen und darauf achten, was Ihnen gut gefällt und was nicht. Beobachten Sie sich selbst dabei. Schalten Sie schnell ab? Wo schalten Sie ab? An welchen Stellen überspringen Sie im Video Stellen und warum? Können Sie das besser machen?

Ihr erstes Video wird nicht den perfekten Aufbau haben. Deswegen ist es wichtig, dass Sie den Prozess der Beobachtung stetig fortführen. Beobachten Sie sich und ähnliche Kanäle bei jedem Video aufs Neue. Sie können Familie, Bekannte oder Kollegen nach ihrer Meinung fragen oder sie Ihr Video ansehen lassen und dabei beobachten. Wann fühlen sie sich gelangweilt? Gibt es überflüssige Informationen, die Sie entfernen können? Ist Ihr Aufbau verwirrend, langweilig oder doch zu schnell?

Der Weg zur Marke – erfolgreiches Branding Ihrer Videos

Der Aufbau und die Etablierung einer Marke ist für Ihren langfristigen Erfolg auf *YouTube* extrem wichtig. Eine Marke kann dabei in verschiedenen Formen auftreten. Sie können selber zur Marke werden mit Ihrer Erscheinung und Ihrem Namen, es kann eine Show oder Reihe o. ä. auf Ihrem Kanal oder Ihr Kanal an sich sein. Fragen Sie sich deshalb, was Ihr Alleinstellungsmerkmal ist, Ihre sogenannte *„Unique Selling Proposition"* (USP). Wofür steht Ihre Marke und wie wollen Sie die Marke positionieren? Wenn Sie das nicht wissen, wie sollen Ihre Zuschauer das wissen? Arbeiten Sie klar und präzise heraus, worin der Mehrwert Ihres Kanals und Ihrer Videos besteht.

Tipps für Ihren Erfolg

- Der Name der Marke muss in sämtlichen Schreibweisen in Ihren Tags des Kanals und denen des Videos stehen.
- Sie können, wenn Ihr Markenname nicht zu lang ist, den Namen am Ende des Videotitels zum Beispiel durch Trennung eines vertikalen Strichs hinzufügen.

Wichtig ist, dass Sie Ihre Marke und Positionierung klar hervorheben und durch geschicktes Branding bei Ihren Zuschauern verankern. Platzieren Sie daher grafisch Ihre Marke an den verschiedenen Stellen in und um Ihren Kanal herum:

- Als *Kanal-Anzeigebild:* Hier müssen Sie die zum Teil extrem kleine Größe auf mobilen Geräten bedenken. Nicht zu viel Text oder Bilder benutzen!
- Als *Banner* im Kanal: Sie können hier die Marke ausschreiben und nach Ihrem Ermessen präsentieren. Bedenken Sie hier bitte die Hinweise der richtigen Formatierung des Banners.
- Im *Intro,* falls Sie eines in Ihren Videos nutzen. Hier können Sie Ihre wiederkehrenden Nutzer durch die regelmäßige Einbindung des Intros stärker an Ihre Marke binden. Neue Zuschauer hören und sehen zum Video Ihre Marke und werden sich eher an Sie erinnern, wenn Sie jemandem von Ihnen erzählen oder den Namen Ihrer Marke an einer anderen Stelle lesen. Sagen Sie in Ihren Videos zu Beginn ruhig, wie Sie heißen und nennen Sie Ihren Markennamen. Schließlich besteht bei jedem Video die Möglichkeit, dass neue Zuschauer zusehen. Man kann die Konversation direkt beginnen, wenn Sie sich aber vorher vorstellen, prägt sich Ihre Marke bei Ihrem Gegenüber besser ein.
- Schreiben Sie eine Kurzbeschreibung Ihrer Marke und fügen Sie diesen standardmäßig in die *Beschreibung* Ihrer Videos. Somit erleichtern Sie neuen Zuschauern, die Ihr Video entdecken, sich über Sie zu informieren und stärken dabei die Bekanntheit Ihrer Marke.

Mithilfe eines Wasserzeichens können Sie – vergleichbar zum Logo eines Fernsehsenders – Ihr Kanallogo in alle Videos, die auf Ihrem Kanal verfügbar sind, einbetten. Das Wasserzeichen erscheint dabei in der unteren rechten Ecke des Video-Players. Dadurch kann ein Video sowohl über ein Wasserzeichen als auch über Infokarten verfügen.

Um ein Wasserzeichen hinzuzufügen, gehen Sie wie folgt vor:

* Navigieren Sie zu „Mein Kanal"
* Klicken Sie auf der rechten Seite Ihres Kanals direkt unter Ihrem Banner auf das Bleistiftsymbol und wählen Sie anschließend „Kanaleinstellungen" aus
* Klicken Sie in der linken Leiste unter „Kanaleinstellungen" auf „Branding"
* Klicken Sie dann auf Wasserzeichen hinzufügen. Anschließend können Sie ein Kanallogo hinzufügen, das in allen Ihren Videos auf jedem Gerät eingeblendet wird.

Sie können ein Bild hochladen, das als Wasserzeichen für Ihren Kanal verwendet werden soll. Wir empfehlen, dass Sie statt einer Volltonfarbe einen transparenten Hintergrund verwenden und für das Bild nur eine einzelne Farbe auswählen. Der gezielte Gebrauch von Transparenz sorgt dafür, dass das Bild weniger störend wirkt. Dies gilt insbesondere für kleine Bildschirme, z. B. von Smartphones.

Auf Desktopgeräten wird Zuschauern direkt angeboten, ein Kanalabo abzuschließen, wenn sie mit der Maus über das Wasserzeichen fahren. Für Nutzer, die Ihren Kanal bereits abonniert haben, wird diese Option nicht angezeigt.

> Durch die Wasserzeichen-Funktion können Sie eine bessere Verlinkung auf Ihren Kanal aus den Videos heraus sicherstellen und auf diese Weise Ihre Abonnentenzahlen steigern und Ihren Kanal bekannter machen.

Das Wichtigste in Kürze

* Eine Schritt-für-Schritt Anleitung, um *YouTube-Star* zu werden gibt es, wie Sie sich vorstellen können, natürlich nicht.
* Sie kennen Ihre Community im Idealfall am besten, nutzen Sie das!
* Veröffentlichen Sie regelmäßig neue Videos – am besten in einer festen und kommunizierten Frequenz.
* Versuchen Sie, Ihre Zuschauer stets als einzelne Individuen statt als große Masse zu sehen!

- Erzählen Sie, wenn es das Konzept Ihres Kanals zulässt, eine Geschichte.
- Als Faustregel hinsichtlich der Länge Ihrer Videos sollten Sie sich an die Maxime *„So lang wie nötig, zu kurz wie möglich"* halten.
- *Den* perfekten Aufbau gibt es natürlich nicht, da je nach Genre, Inhalt und Gewohnheiten der Zuschauer ein anderer Aufbau besser passt.
- Durch die Wasserzeichen-Funktion können Sie eine bessere Verlinkung auf Ihren Kanal aus den Videos heraus sicherstellen und auf diese Weise Ihre Abonnentenzahlen steigern und Ihren Kanal bekannter machen.

Hop oder Top? Erfolg messen und analysieren

12

Das Besondere an Werbung im Internet ist, dass Sie den Werbeerfolg anhand bestimmter Kennzahlen relativ gut überwachen können. Auf diese Weise sind Werbung und Marktforschung im Internet eng verzahnt.

Ohne Ziele geht es nicht!

Wie bereits an anderer Stelle ausgeführt sollten Sie bereits im Rahmen der Planung Ihrer Social Media Strategie SMARTe Ziele für die spätere Erfolgsüberwachung definieren. Möchten Sie mehr Kunden auf Ihre Webseite holen, Umsatzsteigerungen generieren oder mehr Abonnenten auf *YouTube* bekommen? Ganz gleich, welches Ihre Zielsetzungen sind, überlegen Sie, bevor überhaupt das erste Video gedreht ist, welche Maßnahmen Sie einsetzen wollen, um Ihre Ziele zu erreichen, und wie Sie den Erfolg Ihrer Maßnahmen eindeutig messen können (vergleichen Sie hierzu bitte auch die Ausführungen in Kap. 2).

Egal ob Sie *YouTube* als professionellen Vermarktungskanal für Werbekampagnen mit großer Reichweite einsetzen, oder ob Sie *YouTube* als Hobbyfilmer nutzen, um Ihre Videos mit anderen zu teilen: Was jeden engagierten *YouTuber* interessiert, ist die Antwort auf Fragen wie *„Wie oft wurden meine Filme angesehen"*, *„Welche Kommentare wurden hinterlassen?"* und *„Welche Interaktion gab es mit dem Video?"*. Für diejenigen, die mit ihrem eigenen Video-Content Geld verdienen wollen und die Einbindung von InStream-Videos erlauben, steht auch die *Summe der Werbeeinnahmen* auf der Liste der wichtigsten Kennzahlen.

Zusätzlich dienen die verfügbaren Kennzahlen der Optimierung Ihrer Videos. Die Ableitung von Optimierungsmaßnahmen auf Basis der Kennzahlen, ist ein wichtiger Prozess um dauerhaft Erfolg auf *YouTube* zu haben.

© Springer-Verlag Berlin Heidelberg 2016   171
M.O. Opresnik und O. Yilmaz, *Die Geheimnisse erfolgreichen YouTube-Marketings*,
Geheimnisse des Erfolgs, DOI 10.1007/978-3-662-50317-1_12

Achten Sie gerade beim Start Ihrer Werbekampagnen auf Ihre wichtigsten Erfolgskennzahlen und vergessen Sie auf keinen Fall Ihre Werbebudgets zu limitieren. Nichts ist ärgerlicher, als das verfügbare Budget zu überschreiten. Das passiert bei *YouTube* sehr schnell, wenn Sie den Budgetdeckel vergessen einzustellen und die Zielgruppe zu weit fassen. Immer wenn Änderungen oder Optimierungen durchgeführt werden, muss in den ersten 24 h kontrolliert werden, ob sich die Zahlenwerte wie erwartet verhalten. Viele Werbetreibende haben es bereits erleben müssen, dass Sie eine oder zwei kleine Änderungen an einer Kampagne vorgenommen haben und sich die Werbeausgaben innerhalb kürzester Zeit vervielfacht haben.

Tipps für Ihren Erfolg

- Seien Sie geduldig und erwarten Sie nicht von Beginn an, die optimalen Zielwerte mit Ihrer Kampagne zu erreichen! Eine gute Optimierung benötigt einen zeitlichen Horizont von 4 bis 8 Wochen.
- Testen Sie und seien Sie kreativ! Legen Sie verschiedene Kampagnen mit unterschiedlichen Zielgruppen an. Verändern Sie einzelne Targetings und analysieren Sie die Effekte!
- Ändern Sie Ihre Kampagnen-Einstellungen nicht auf täglicher Basis, sondern im wöchentlichen bzw. maximal im halbwöchentlichen Turnus! Die Kampagnen brauchen 1 bis 2 Tage, bis sie sich eingependelt haben.

Einführung in YouTube-Analytics

Wer sich tiefer mit der Erreichung von Zielen auf *YouTube* beschäftigt, wird sich früher oder später auch mit *YouTube-Analytics (YTA)* auseinandersetzen müssen.

Innerhalb des Kanalmanagers Ihres *YouTube-Accounts* integriert, werden Ihre Videos in *YTA* automatisch erfasst und ausgewertet. Sie müssen dazu noch nicht einmal einen Trackingcode einbauen, sondern können nach dem Hochladen Ihrer Videos die ersten Zahlenwerte analysieren.

Sie können *YTA* einfach über den Menüpunkt *„Analytics"* im *YouTube Studio* aufrufen. Daraufhin stehen Ihnen über unterschiedliche Menüpunkte diverse Berichte zur Verfügung, welche wir nachstehend kurz erläutern wollen.

In der *Übersicht* als erstem Menüpunkt zeigt Ihnen das Tool anschaulich zusammengefasst, wie Ihre Inhalte auf *YouTube* ankommen. Hier finden Sie grundlegende Leistungsmesswerte für Ihre YouTube-Inhalte. Der Bericht „*Übersicht*" enthält die folgenden Abschnitte:

- *Leistungsmesswerte:* Zusammenfassung von Wiedergabezeit, Aufrufen und gegebenenfalls Einnahmen für die ausgewählten Inhalte
- *Messwerte zur Interaktion:* Anzeige der wichtigsten Daten für unterschiedliche Interaktionskriterien wie positive und negative Bewertungen, Kommentare, Freigaben und Favoriten
- *Top-Ten-Inhalte:* Anzeige der Top-Ten-Inhalte auf Ihrem Kanal wie Kanäle, Playlists und Inhalte (basierend auf der Wiedergabezeit)
- *Demografische Merkmale:* Informationen zu Geschlecht und Wohnsitz Ihrer Zuschauer
- *Standorte und Zugriff:* Zusammenfassung der Messwerte für die häufigsten Wiedergabestandorte und Zugriffsquellen (basierend auf der Wiedergabezeit)

Nach der Übersicht finden Sie als 2. Menüpunkt im *Echtzeitbericht* die Daten zu den geschätzten Aufrufen für Ihre letzten fünf veröffentlichten Videos. Auch die Gesamtzahl der Aufrufe für alle Videos auf einem bestimmten Kanal können Sie diesem Bericht entnehmen. Bei den Echtzeitdaten handelt es sich lediglich um Schätzungen, die als allgemeine Richtwerte in Bezug auf die potenziellen Wiedergabeaktivitäten für deine Videos dienen. Mit diesem Bericht können Sie sich bereits zu einem frühen Zeitpunkt über die Leistung Ihrer zuletzt veröffentlichten Videos informieren und gegebenenfalls die Werbestrategie verändern. Außerdem besteht die Möglichkeit, diese Daten in Berichten für einzelne Videos aufzurufen.

Anhand dieser Berichte können Sie live verfolgen, wie oft Ihr Video innerhalb der letzten Sekunden aufgerufen wurde. Darüber hinaus sieht man im Realtime-Report von *Google-Analytics* für jedes Video die Videoaufrufe der letzten Stunde, sowie für die letzten 2 Tage.

Umsatzberichte: Unter dieser Kategorie finden sich die nachstehenden Berichte mit denen sich die Entwicklung der Einnahmen nachverfolgen lässt:

- *Umsatz:* Diesen Bericht können Sie nutzen, um folgende Informationen anzuzeigen: Einzelheiten zum Umsatz für die verschiedenen Inhaltsarten, Details zum Umsatz auf Kanal- und Videoebene, Geschätzter Umsatz, Geschätzter Werbeumsatz, aus Transaktionen abgeleiteter Umsatz, zum Beispiel durch kostenpflichtige Inhalte und Finanzierung durch Fans (falls zutreffend) sowie Umsatz im Zusammenhang mit *YouTube Red* (falls zutreffend)
- *Werbedaten:* Der Preisbericht für Werbeanzeigen enthält Daten zum *YouTube-Werbeumsatz* sowie zu geschätzten monetarisierten Wiedergaben, CPMs und

Anzeigenimpressionen für die Werbeanzeigen, die in Ihren Inhalten ausgeliefert werden. Nutzen Sie den Bericht, um zu analysieren, wie unterschiedliche Arten von Werbeanzeigen im Laufe der Zeit und im Vergleich zueinander abschneiden.

Unter dem Menüpunkt *„Berichte zur Wiedergabezeit"* findet sich eine ganze Reihe von weiteren nützlichen Berichten:

- *Wiedergabezeit:* Mittels dieser Berichtsfunktion können Sie das Verhalten der User für jedes Video auswerten. Oben im Bericht sehen Sie die Wiedergabezeit und die Anzahl der Aufrufe. Sie können die Tabs unter dem Diagramm verwenden, um die Daten nach Dimensionen sortiert anzuzeigen. Hierbei kann es sich um den Inhaltstyp, die Region, das Datum, den Abostatus, das *YouTube-Produkt* und Untertitel handeln.

- *Zuschauerbindung:* Mit diesem Bericht erhalten Sie einen Überblick darüber, wie gut die Zuschauerbindung Ihrer Videos ist. Der Bericht gibt Auskunft über die durchschnittliche Wiedergabedauer aller Videos auf Ihrem Kanal, Topvideos oder -kanäle nach Wiedergabezeit, Zuschauerbindungsdaten zu einem bestimmten Video für unterschiedliche Zeitrahmen sowie die relative Zuschauerbindung für ein Video im Vergleich zur durchschnittlichen Zuschauerbindung ähnlicher Videos auf *YouTube*. Die Kurve zeigt über die gesamte Abspielzeit des Videos (für jede einzelne Sekunde zwischen Start und Ende des Videos) die Anzahl der gemessenen Views. Je länger ein Video ist, umso weniger User sehen es sich bis zum Ende an. Aus diesem Grund fällt die angezeigte Kurve bei fast allen Videos. Stellen an denen die Kurve wieder nach oben geht, deuten auf Szenen hin an denen die User entweder zurückspulen oder an denen von extern ins Video eingesprungen wird. Meist sind es herausragende Szenen (weil entweder besonders lustig, spannend oder interessant), die solch ein Phänomen herbeiführen. Sinkt die Kurve an einer Stelle rapide, deutet dies auf eine Szene mit gehäuften Absprüngen hin. Aus Erfahrung ist die Abbruchquote innerhalb der ersten 15 s nach Start des Spots an größten.

- *Demografie:* Der Demografiebericht liefert Ihnen Daten zu Altersbereich und Geschlechterverteilung Ihres Publikums. Er wird auf der Grundlage der Daten für auf allen Geräten angemeldete Nutzer erstellt. Sie haben hier auch die Möglichkeit, den Zeitraum und die Region anzupassen, um festzustellen, zu welchen Zeiten und an welchen Orten Zuschauer Ihre Inhalte wiedergeben. Diese Daten können sowohl in interaktiven Diagrammen als auch in der Tabelle unten auf der Seite dargestellt werden. Auf diese Weise können sie erfahren, ob die Demografie ihres Publikums ihren Vorstellungen von der Zielgruppe entspricht! Sie sollten sich in diesem Zusammenhang auch fragen, ob die besonders erfolgreichen bzw. weniger erfolgreichen Videos durch spezifische demografische Zahlen gekennzeichnet sind, welche vom Kanaldurchschnitt abweichen. Versuchen Sie zu ermitteln, ob zwischen Alter und Geschlecht sowie den Abrufzahlen ein Zusammenhang besteht. Sie können diesen Bericht auf diese Weise dazu nutzen, spezifische Tendenzen zu identifizieren, welche Sie wiederum bei der Erstellung neuer Videos aus testen.

Diese Auswertung ist erst ab einer gewissen Abrufzahl möglich – wundern Sie sich also nicht, wenn Sie mit einem neuen Kanal und einigen Videos noch keine Daten angezeigt bekommen.

- *Wiedergabeorte:* Der Bericht zu Wiedergabeorten zeigt die Seiten oder Websites an, auf denen Ihre Videos wiedergegeben werden. Die Berichte dieses Bereichs enthalten unter den anklickbaren Hauptkategorien die detaillierte URL, des jeweiligen Abspielortes. Anhand dieser Berichte kann man sehr schnell erkennen auf welchen Webseiten das eigene Video eingebettet wurde und wie viele Views über jede einzelne Webseite erzielt wurden (vgl. Abb. 1).

Jede Einbettung Ihres Videos auf einer Seite außerhalb der YouTube-Wiedergabeseite, hat einen positiven Effekt auf Ihr Ranking. Gerade über die Sozialen Netzwerke lassen sich Videos gut einbetten und *„sharen“*. Jede weitere Empfehlung von Freunden und später von Freunden der Freunde wirkt sich positiv auf die Sichtbarkeit des Videos aus.

- *Zugriffsquellen:* Der Bericht zu Zugriffsquellen zeigt, über welche Websites und *YouTube-Funktionen* Ihre Inhalte von den Zuschauern aufgerufen wurden. Durch diesen Bericht erfahren Sie mehr über die zahlreichen Suchoptionen Ihres Publikums. Sie können beispielsweise herausfinden, ob Zuschauer direkt auf *YouTube* nach Videos suchen, ob sie auf die Thumbnails vorgeschlagener Videos klicken oder ob sie einem Link in sozialen Netzwerken wie *Twitter* oder *Facebook* folgen. Je länger Ihr Video bereits bei *YouTube* ist und je interessanter es für die *YouTube-User* ist, umso sichtbarer wird es. Denkbare Orte an denen man Ihr Video finden kann, sind: in den Suchergebnisseiten von *Google,* in den Suchergebnisse der *YouTube-Suche,* auf *Facebook,* auf *Webseiten* die sich thematisch mit den Inhalten Ihres Videos auseinandersetzen, auf diversen *YouTube-Playlists,* auf *APPs,* usw. Interessant sind die für jede

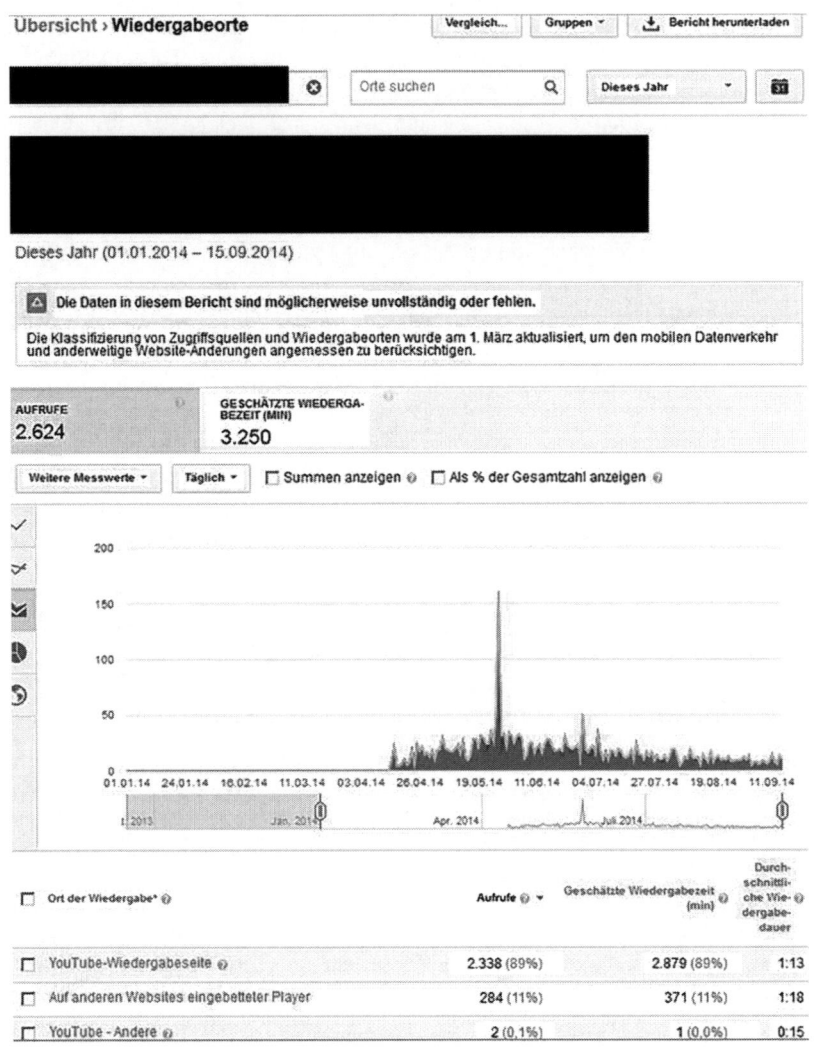

Abb. 1 Wiedergabeorte Ihres Videos. (Quelle: https://www.ranking-check.de/blog/you-tube-analytics/, Zugegriffen: 22.03.2016)

Zugriffsquelle angegebenen durchschnittlichen Abspielzeiten. Anhand dieses Wertes lässt sich feststellen, wo die Zielgruppe des Videos am stärksten vertreten ist.

Um die Chance zu erhöhen, Ihre Videos als vorgeschlagenes *YouTube-Video* ins Umfeld anderer erfolgreicher Filme zu bringen, sollten Sie überlegen, Ihr Video in Inhalt (Titel, Beschreibung und Text) auf die Inhalte anderer erfolgreicher Videos auszurichten.

- *Geräte:* Im Gerätebericht erfahren Sie, mit welchen Geräten und auf welchen Betriebssystemen Ihre Zuschauer Ihre Videos ansehen. Aufgrund der Tatsache, dass *YouTube* immer mehr mit neuen Smartphones, Fernsehgeräten, Tablets und anderen „Smart Devices" genutzt wird, nimmt dieser Bericht an Bedeutung zu.

Die Berichte unter dem Menüpunkt *„Berichte zur Interaktion"* geben Auskunft über die Interessen der User und tiefere Einsichten zu folgenden Themen:

- *Abonnenten:* Der Abonnentenbericht zeigt, wie sich Ihre Abonnentenzahlen in Bezug auf unterschiedliche Inhalte, Standorte und Daten entwickelt haben. Abonnenten sind in der Regel aktivere Nutzer, die sich stärker mit Ihren Inhalten auseinandersetzen und Videos regelmäßig ansehen. In diesem Abschnitt erfahren Sie mehr über Ihre Effektivität bei der Steigerung von Abonnentenzahlen, die Videos, die sich positiv bzw. negativ auf deine Abonnentenzahlen ausgewirkt haben, und die Standorte, an denen Ihre Inhalte besonders gut ankommen.
- *Positive und negative Bewertungen:* Der Bericht zu positiven und negativen Bewertungen fasst zusammen, wie viele Nutzer Ihre Videos positiv oder negativ bewertet haben. Verwenden Sie die Schaltfläche *„Werte vergleichen"*, um die Gesamtzahl von positiven und negativen Bewertungen mit anderen Videowerten zu vergleichen, darunter Messdaten zum Kundeninteresse wie z. B. hinzugefügte oder entfernte positive bzw. negative Bewertungen oder Abonnenten- und Favoritenänderungen. Die Tabelle im unteren Bereich der Seite informiert über *„Interaktionen insgesamt"* und zeigt Ihnen, welche Videos die meisten Zuschauer anziehen. Der Bericht zeigt die Nettoveränderung von positiven und negativen Bewertungen deiner Videos, d. h. die Anzahl von entfernten positiven und negativen Bewertungen wird von der Anzahl positiver und negativer Bewertungen abgezogen.
- *Videos in Playlists:* In diesem Bericht sehen Sie, wie viele Ihrer Videos insgesamt zu beliebigen Playlists hinzugefügt wurden. Mit diesem Bericht können Sie herausfinden, wie häufig Ihre Videos den Playlists von Zuschauern hinzugefügt oder aus diesen entfernt wurden. Hierbei kann es sich entweder um

Standard-Playlists wie *„Später ansehen"* oder *„Favoriten"* oder um beliebige
von Nutzern erstellte Playlists handeln.

* *Kommentare:* Der Kommentarbericht fasst zusammen, wie viele Nutzer Ihr
  Video kommentiert haben. Die Tabelle im unteren Bereich der Seite informiert
  über *„Interaktionen insgesamt"* und zeigt Ihnen, welche Videos die meisten
  Zuschauer anziehen.
* *Teilen:* Der *Freigabebericht* gibt an, wie häufig Ihr Inhalt mithilfe der *You-
  Tube-Schaltfläche „Teilen"* freigegeben wurde und welche Websites von Nutzern verwendet werden, um Ihre Videos freizugeben (z. B. *Facebook* oder
  tumblr).
* *Anmerkungen:* Der Bericht zu Anmerkungen stellt Informationen zur Wirkung
  von Videoanmerkungen sowie zu Aktivitäten bereit, darunter die Klick- und
  die Abschlussrate für Anmerkungen zu Videos.
* *Infokarten:* Im Infokarten-Bericht werden Daten zur Interaktion mit Infokarten
  in Ihren Videos bereitgestellt.

Nach soeben erfolgter kompakter Darstellung der einzelnen Berichte wollen wir
in den nachstehenden Abschnitten auf einige ausgewählte zentrale Aspekte wie
beispielsweise die Zuschauerbindung separat eingehen.

Einschaltquote: Ihre Aufrufzahlen

Im Bericht zur Wiedergabezeit finden Sie Daten zur *„Wiedergabezeit"* und zu
„Aufrufen".

Wiedergabezeit: Dies ist die Zeit, die ein Nutzer mit der Wiedergabe eines
Videos verbracht hat. So können Sie sich ein Bild von den Inhalten machen,
die Zuschauer tatsächlich wiedergeben. Dieser Wert steht im Gegensatz zu den
Videos, auf die lediglich geklickt wird, bevor sie abgebrochen werden.

Aufrufe: Dies ist die Anzahl der legitimen Aufrufe Ihrer Kanäle oder Videos.
Dies ist sicherlich *die* Kennzahl, wenn es darum geht den Erfolg eines Videos zu
beurteilen (vgl. Abb. 2).

Die Anzahl der Aufrufe pro Video können Sie sich im Zeitverlauf als Graph
anzeigen lassen. Zusätzlich besteht die Möglichkeit, die Aufrufe eines Videos mit
den Aufrufen anderer Videos zu vergleichen. YTA kann mehrere Entwicklungen
in einem einzigen Graphen darstellen. Durch den Vergleich mehrerer Videos im
Zeitverlauf lassen sich Gemeinsamkeiten, aber auch Unterschiedliche Entwicklungen feststellen. Gemeinsamkeiten sind beispielsweise wochentagabhängige

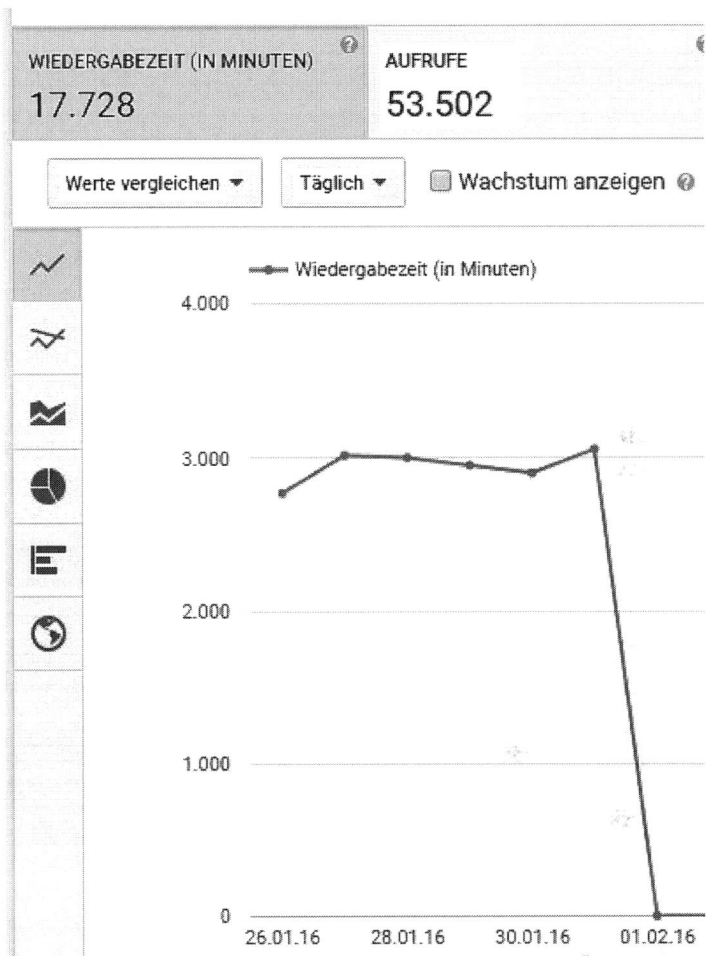

Abb. 2 Summe der Wiedergabezeiten auf Tagesbasis. (Quelle: YouTube Analytics, Zugegriffen: 22.03.2016)

Schwankungen, die alle Videos im gleichen Maße betreffen. Gerade an Feiertagen sind diese Aufrufschwankungen deutlich zu erkennen.

Wird eines Ihrer Videos besonders oft aufgerufen, so kann das mehrere Ursachen haben:

- Bessere Auffindbarkeit bei der *YouTube-Suche*
- Ansprechenderes Thumbnail, das zu mehr Klicks führt
- Ansprechenderer Titel
- Interessanterer Inhalt, der zu mehr Empfehlungen und Interaktionen führt
- Das Video wird von *YouTube* auf der individuellen Startseite empfohlen
- Es ist eine „Antwort" auf ein anderes, erfolgreiches Video
- Auf einer Social Media Plattform *(Facebook, Google+, Twitter,…)* wurde das Video verbreitet und oft angeklickt
- Das Video wird als *ähnliches Video* eines anderen Videos vorgeschlagen
- Der Kanal auf dem das Video hochgeladen wurde, wird bereits von vielen User abonniert

Wichtig für Ihren Erfolg auf *YouTube* ist in diesem Zusammenhang die *relative Entwicklung der Zugriffszahlen*. Wenn es Ihnen gelingt, mit Ihren Videos kurz nach Veröffentlichung bereits einen zügigen Anstieg der Abrufzahlen zu erzielen, ist die Wahrscheinlichkeit höher, dass dies einen viralen Effekt nach sich zieht und Ihre Videos in den sozialen Netzwerken geteilt und bei *Google* besser gefunden werden sowie dadurch wiederum neue Besucher anziehen. Wenn Sie also feststellen, dass ein Video nach der Veröffentlichung keine signifikante Steigerung der Abrufzahlen erfährt, sollten Sie das Video im Detail überprüfen. Haben Sie die richtigen Anmerkungen eingeblendet? Zeigen Sie Ihrer Zielgruppe eindeutig auf, welchen Mehrwert Sie bieten? Sind Bild und Tonqualität in Ordnung?

> Investieren Sie gerade am Anfang viel Zeit in die Analyse zweier unterschiedlich erfolgreicher Videos und lernen Sie von dem erfolgreicheren Video.

Im nachstehenden Abschnitt zeigen wir Ihnen, was Sie aus Tops und Flops Ihrer Videos lernen und auf diese Weise eine schrittweise Optimierung Ihres gesamten *YouTube-Auftritts* erreichen können.

Aus Tops und Flops Ihrer Videos lernen

Die Videoplattform *YouTube* steht allen offen, die einen Videofilm haben und diesen einem großen Publikum präsentieren wollen. Der enorme Erfolg von *YouTube* basiert vor allem auf der Tatsache, dass der Upload von Videofilmen kostenlos ist. Um aus der Masse der hochgeladenen Videos herauszustechen und Klicks zu bekommen, muss man sich einer harten Konkurrenz stellen. Dabei ist alleine ein großes Budget bei der Produktion des Videos kein Garant für viele Views. Kreative Low-Budget-Videos schaffen es immer wieder durch ihre Einzigartigkeit, aus der Masse der Videos herauszustechen und einen viralen Effekt zu erzeugen.

Hat man sein erstes Video hochgeladen wird man zu Beginn eine steile Lernkurve erzielen können – vorausgesetzt man beschäftigt sich intensiv mit seinen Videos und deren erzielter Resonanz. Viele *YouTube-Anfänger* haben mit dem ersten hochgeladenen Video bereits die erste Enttäuschung erlebt. Das Video wird zwar nach einigen Suchtests mit unterschiedlichen Abfragen in den Suchergebnissen gefunden, allerdings ist das Ranking bei etwas generischeren Suchbegriffen meist sehr schlecht. Die Folge sind wenige oder keine Klicks. Verursachen die wenigen Klicks auch noch eine geringe Verweildauer und keine Userinteraktion (wie z. B. Likes und Kommentare), stellt sich schnell der erste Frust ein und man fragt sich, was man falsch gemacht hat.

Die einzig positive Nachricht an dieser Stelle ist, dass es bereits vielen so gegangen ist und man aus den Flops der Vergangenheit von anderen lernen kann.

Tipps für Ihren Erfolg

- Starten Sie mit dem subjektiv besten Video aus dem Portfolio. Schlechte Videos gibt es bei *YouTube* genug, daher sollte man nur Videos hochladen von deren Einzigartigkeit und absoluter Qualität man selber überzeugt ist. Aber Achtung: machen Sie sich bereits vorher mit dem Gedanken vertraut, dass Ihr hochgeladenes Lieblingsvideo auch Kritik oder gar einem Verriss durch andere *YouTuber* ausgesetzt werden kann. Verlieren Sie in diesem Fall nicht das Vertrauen in Ihre Fähigkeiten, sondern lernen Sie aus der Kritik und versuchen es erneut.
- Suchen Sie sich Kooperationen mit anderen *YouTubern* die sich entweder mit den gleichen Themen beschäftigen, oder mit denen Sie inhaltliche Synergien schaffen können. Lernen Sie vor allem von deren Erfahrung. Binden Sie deren Video auf Ihrem Kanal ein und bitten Sie den Kooperationspartner das gleiche mit Ihrem Video zu tun.
- Haben Sie mehrere Videos, so laden Sie diese besser nicht am gleichen Tag hoch, sondern verteilen Sie Ihre Videos gleichmäßig über die Zeit – beispielsweise ein Video pro Woche. Haben Sie große Mengen Videomaterial zur Verfügung, können Sie auch täglich ein Video

hochladen. Die Gefahr von zu vielen Uploads ist, dass sich die Abonnenten Ihres Kanals ggf. nicht alle Videos ansehen – aus zeitlichen Gründen, oder weil Sie einzelne Videos in der Fülle der Meldungen einfach übersehen.

- Seien Sie ehrlich beim *Vertaggen* Ihrer Videos. Versuchen Sie nicht unpassende aber beliebte Keywords beim *vertaggen* zu nutzen. Findet der User beim Betrachten des Videos nicht den gesuchten Inhalt, ist es für ihn eine negative Erfahrung. Im besten Fall bricht er den View schnell ab. Im schlechtesten Fall bewertet er das Video schlecht oder schreibt einen negativen Kommentar. Mit falsch *vertaggten* Videos kann man seinen Kanal nicht dauerhaft erfolgreich fortentwickeln.

- Nehmen Sie die sachlich geäußerte Kritik der Viewer ernst. Denken Sie über die Optimierungsvorschläge Ihrer Viewer nach und versuchen Sie daraus zu lernen. Freuen Sie sich über positive Kommentare und bauen Sie Ihre Stärken in diese Richtung weiter aus. Achten Sie nur darauf, dass Sie sich durch destruktive und unsachliche Kritik nicht demotivieren lassen.

- Geben Sie Ihren Kritikern sachliches Feedback. Beschäftigen Sie sich mit Ihren Kritikern und suchen Sie das fachliche Gespräch mit ihnen. Die Pflege Ihrer Viewer/Abonnenten wird sich auf mittlere und lange Sicht auszahlen. Absolut zu vermeiden sind allerdings verbale Kleinkriege. Reagieren Sie auf einen Kommentar der Sie ärgert, erst nachdem die ersten Emotionen verflogen sind.

Um aus Tops und Flops Ihrer Videos zu lernen und eine schrittweise Optimierung herbeizuführen, müssen Sie sich jedes einzelne Video im Detail ansehen. Grundsätzlich gilt, dass jedes Video auf Ihrem Kanal nicht nur kurzzeitig Zugriffe generieren sollte, sondern nach Möglichkeit kontinuierlich. Es ist in diesem Zusammenhang sinnvoll, anhand der Übersicht der Abrufzahlen der einzelnen Videos zunächst die weniger erfolgreichen Videos herauszusuchen, welche schon länger online sind, aber in Relation zu Ihren anderen Filmen kaum oder keine neuen Zugriffe verzeichnen können. Versuchen Sie herauszufinden, was die Ursachen für den mangelnden Erfolg dieser Filme sind und überarbeiten Sie diese Videos entsprechend. Gleichfalls ist es zielführend, Ihre erfolgreichsten Videos heraussuchen und zu versuchen, die potenziellen

Erfolgstreiber diesbezüglich zu identifizieren, um diese Stellhebel auch bei Ihren weniger erfolgreichen Videos anwenden zu können. Versuchen Sie, entsprechende Regeln abzuleiten, welche Sie bei der Erstellung von neuem Videomaterial kontinuierlich überprüfen. Auf diese Weise werden Sie Schritt für Schritt erfolgreicher.

> Grundsätzlich hilft Ihnen jedes Video bzw. dessen Analyse, besser zu verstehen, was den spezifischen Erfolg bzw. auch Misserfolg ausmacht.

Ihre Zuschauerbindung ist entscheidend

Eine hohe Anzahl an Viewer auf das eigene Video aufmerksam zu machen, ist für die erfolgreiche Vermarktung eine wichtige Voraussetzung. Hat man die User soweit, dass sie sich Ihr Video ansehen, gilt es nun im zweiten Schritt zu überprüfen, inwiefern die generierten Viewer auch zur richtigen Zielgruppe gehören und das erwartete Interesse an dem Video zeigen. So wäre es beispielsweise ärgerlich, wenn von 100 User 80 % bereits nach wenigen Sekunden abbrechen und nur 5 % bis zum Ende „durchhalten". Allerdings sind hohe Abbruchquoten nicht nur das Ergebnis einer suboptimalen Zielgruppe, sondern oftmals auch Ausdruck inhaltlicher Mängel in Bezug auf den Video-Content. Doch wie lässt sich die Qualität eines Videos messen? Die Antwort lautet: über die *Zuschauerbindung*. Sie ist der Indikator für die Qualität der Viewer, aber auch für die inhaltliche Qualität des Videos.

Die Zuschauerbindung kann man absolut betrachten, oder auch in Relation zu ähnlichen Videos. Im ersten Fall spricht man von der *absoluten Zuschauerbindung,* in zweiten Fall von *relativer Zuschauerbindung* (vgl. Abb. 3).

Die *absolute Zuschauerbindung* zeigt für jedes Video, das Zuschauerverhalten im Verlauf über die gesamte Spieldauer des Videos. Zu Beginn sind noch alle Viewer dabei, am Ende sind es meist weniger, da einige mitten im Video ausgestiegen sind. Aus diesem Grund sieht man typischerweise eine über den zeitlichen Verlauf abfallende Kurve. Steigt die Kurve an gewissen Punkten an, so sind das Stellen an denen die User gerne zurückspringen, um sich die Stelle noch einmal anzusehen, oder es sind Einsprungstellen über eine externe Verlinkung des Videos.

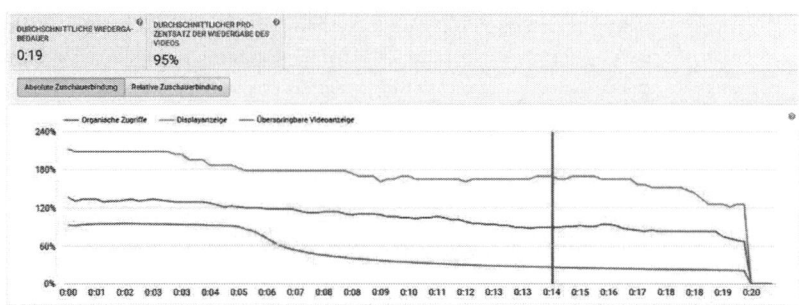

Abb. 3 Absolute Zuschauerbindung. (Quelle: YouTube Analytics, Zugegriffen: 22.03.2016)

Tipps für Ihren Erfolg

- Verzichten Sie auf einen langen Vorspann um die Abbruchquote zu minimieren. Sorgen Sie dafür, dass Ihr Video bereits in den ersten Sekunden ein Highlight bereithält, das den Viewer zum weiterschauen animiert. Bei informativen Videos hilft zu Beginn ein kurzer Überblick über die im Video behandelten Themen, um dem Zuschauer den Mehrwert aufzuzeigen.
- Lange Pausen, oder Passagen ohne Inhalt erhöhen die Abbruchquote beträchtlich.
- Vermeiden Sie Wiederholungen innerhalb des Videos. Der Zuschauer reagiert schnell gelangweilt und bricht das Video ab.
- Sorgen Sie für einen Spannungsaufbau. Schneiden Sie die Videos so, dass nur noch das Wesentliche enthalten ist. Zu lange Phasen mit wenig Spannung sorgen für erhöhte Abbruchquoten. Prüfen Sie die Abbruchquoten Ihres Videos für jede Sekunde und lernen Sie daraus für ihr nächstes Video.
- Ein langer Abspann führt zu einer sehr hohen Abbruchquote.

Die *relative Zuschauerbindung* zeigt das Zuschauerverhalten im Vergleich zu anderen, ähnlichen Videos. Verläuft die Kurve Ihres Videos flacher als die ähnlicher Videos, spricht das für eine geringe Abbruchquote und somit für eine höhere Kundenbindung. In der oberen Abbildung hat der organische Traffic (blaue Linie) eine höhere Zuschauerbindung als die anderen beiden Quellen.

Entwicklung der Abonnentenzahl

Um Ihren *YouTube-Kanal* erfolgreich auszubauen, sollten Sie darauf achten, möglichst viele Abonnenten zu generieren. Untersuchungen haben ergeben, dass Abonnenten sich mehr Videos ansehen als Nichtabonnenten.

Doch wie kann man einen User zu einem Abonnenten umwandeln? Gute Inhalte sind sicherlich eine Grundvoraussetzung. Eine regelmäßige Pflege der eigenen Community, Kommunikation über Kommentare und der Einbau von Call-to-Action-Elementen ins Video haben ebenso positive Auswirkungen.

Doch kann man auch *YouTube-Analytics* unterstützend nutzen.

Tipps für Ihren Erfolg

- Nutzen Sie den Demografiebericht, um mehr über das Alter, das Geschlecht und den geografischen Standort Ihrer typischen Abonnenten zu erfahren. Je genauer Sie die demografischen Merkmale analysieren umso genauer erkennen Sie welcher Typ von Zuschauer Ihre Videos schätzt.
- Entwickeln Sie (basierend auf den Erkenntnissen des Demografieberichts) eine Strategie für zukünftige Inhalte, die Ihre Abonnenten bestmöglich anspricht. Das sorgt für eine erhöhte Interaktion der Abonnenten mit Ihrem Kanal. Die Belebung des Kanals, eine aktive Community, sorgt wiederum für eine höhere Attraktivität der Inhalte bei Nichtabonnenten.
- Um zu erkennen, was dauerhafte Abonnenten von den verlorenen Abonnenten unterscheidet, sollte Sie die verfügbaren Daten der verlorenen Abonnenten genau analysieren. Den Bericht dazu finden Sie im Abonnentenbericht unter „verlorene Abonnenten". Hierbei sollten Sie insbesondere positive wie negative Ausschläge bei der Abonnentenentwicklung analysieren. Besteht eventuell ein Zusammenhang mit bestimmten Videos, oder mit bestimmten Inhalten?
- Lernen Sie von den erfolgreichen Videos, die Ihre Abonnentenzahl besonders positiv beeinflusst haben. Analysieren Sie deren Inhalte und erstellen Sie Muster, die nach Ihrer Einschätzung zum Erfolg führen. Versuchen Sie weitere Videos nach dem gleichen Muster zu erstellen und überprüfen Sie anhand dieser Videos Ihre Hypothese(n).

- Identifizieren Sie die Videos, die zu den meisten Abonnentenverlusten geführt haben und analysieren die Kommentare zu diesen Videos.
- Gehen Sie Kooperationen mit ähnlichen YouTube-Kanälen ein, versuchen Sie die Abonnenten dieser Kanäle auch für Ihren Kanal zu begeistern.

So fördern Sie die Entwicklung guter Bewertungen

Jeder User, der eine Bewertung abgibt, bringt damit seine Meinung zum Ausdruck. Sie sollten die Entwicklung der Bewertungen gerade zu Beginn genau verfolgen. Schlägt das Pendel in die positive Richtung oder eher in die negative Richtung?

Eine positive Entwicklung ist ein Zeichen dafür, dass Ihr Video die Erwartungen der Viewer erfüllt. Sie haben bei der Beschreibung des Inhalts und beim Titel keine falschen Erwartungen geweckt.

Nimmt die Entwicklung der negativen Kommentare Überhand, sollten Sie nicht zu lange warten bis Sie reagieren. Überprüfen Sie in diesem Fall die Zuschauerbindung. Gibt es Stellen mit einer sehr hohen Abbruchquote? Wo könnte das Problem liegen? Haben die User eine Erwartung, die in deren Augen nicht erfüllt wird? Wenn sich das Problem nicht beheben lässt, sollten Sie das Video besser aus dem Netz nehmen. Zu viele negative Kommentare sind schädlich für die Entwicklung Ihres Kanals.

Haben Sie zu viele negative und aggressive Kommentare von Usern, die sich hinter anonymen Account verbergen, hat man die Möglichkeit eine Kommentarfunktion nur noch für *Google+* Mitglieder zuzulassen.

Prüfen Sie die Entwicklung Ihrer Kommentare

Die Entwicklung der Kommentare lässt sich für jedes Video über geeignete Maßnahmen steuern. Fordern Sie die User beispielsweise in Ihrem Video auf, Ihre Meinung in Form von Kommentaren zu hinterlassen, so wird dies einen positiven Effekt auf die Anzahl der hinterlassenen Kommentare haben.

Wie sich die Anzahl der Kommentare entwickelt, können Sie in *YTA* im Bereich *„Kommentare"* verfolgen. Neben der zahlenmäßigen Entwicklung der Kommentare, helfen Ihnen die Berichte auch, die Entwicklung der positiven und negativen Kommentare statistisch auszuwerten.

Mithilfe der *Schlagwortwolken* können Sie wichtige Themen identifizieren, mit denen Ihr Video in Verbindung gebracht wird.

YouTube bewertet die Relevanz Ihres Videos unter anderem anhand der abgegeben Kommentare. Je mehr Interaktion in Form von Kommentaren ein Video auslöst, umso relevanter ist es für *YouTube*. Die Relevanz ist ein wichtiger Rankingfaktor. Dabei sollten Sie aber immer darauf achten, dass die hinterlassenen Kommentare überwiegend positiv sind. Zu viele negative Kommentare haben einen nachteiligen Effekt die Entwicklung Ihrer Kanal-Abonnenten.

Wie oft werden Ihre Videos geteilt?

Inhalte zu teilen ist ein zentrales Merkmal der sozialen Netzwerke. Egal ob es sich um *Facebook, Twitter, Google+* oder *YouTube* handelt, alle sozialen Netzwerke „leben" von den Inhalten, die Ihre User anderen User weiterempfehlen. Dabei gilt für jeden Inhalt: je öfter er geteilt wird, desto besser für seine Bewertung. *YouTube* stuft häufig weiterempfohlene Videos im Vergleich zu seltener empfohlenen Videos als deutlich relevanter ein.

Um einem neuen Video einen guten „Start" zu ermöglichen, sollten Sie dieses mit möglichst vielen Ihrer Freunde und Bekannte über die Plattformen *Twitter, Facebook* und *Google+* „sharen". Kommt das Video bei Ihren Freunden und Bekannten gut an, werden sie es weiterempfehlen. Besonders gute und beliebte Inhalte erreichen auf diese Weise einen viralen Effekt. Stößt der Inhalt dagegen auf wenig Interesse, so enden die Weiterempfehlungsketten schnell.

In den Berichten zur Interaktion können Sie genau nachverfolgen, über welche Netzwerke Ihr Video weiterempfohlen wurde. Auch hier lassen sich die User durch einen Aufforderung zum Teilen dazu bewegen Videos weiterzuempfehlen. Testen Sie verschiedene Videos mit unterschiedlichen Inhalten, um zu verstehen, welche Inhalte für eine Weiterempfehlung sorgen – und welche ggf. nicht.

Das Wichtigste in Kürze

- Jede Einbettung Ihres Videos auf einer Seite außerhalb der YouTube-Wiedergabeseite, hat einen positiven Effekt auf Ihr Ranking. Gerade über die Sozialen Netzwerke lassen sich Videos gut einbetten und *„sharen"*. Jede weitere Empfehlung von Freunden und später von Freunden der Freunde wirkt sich positiv auf die Sichtbarkeit des Videos aus.

- Um die Chance zu erhöhen, Ihre Videos als vorgeschlagenes *YouTube-Video* ins Umfeld anderer erfolgreicher Filme zu bringen, sollten Sie überlegen, Ihr Video in Inhalt (Titel, Beschreibung und Text) auf die Inhalte anderer erfolgreicher Videos auszurichten.

- Investieren Sie gerade am Anfang viel Zeit in die Analyse zweier unterschiedlich erfolgreicher Videos und lernen Sie von dem erfolgreicheren Video.

- Grundsätzlich hilft Ihnen jedes Video bzw. dessen Analyse, besser zu verstehen, was den spezifischen Erfolg bzw. auch Misserfolg ausmacht.

- Haben Sie zu viele negative und aggressive Kommentare von Usern, die sich hinter anonymen Account verbergen, hat man die Möglichkeit eine Kommentarfunktion nur noch für *Google+* Mitglieder zuzulassen.

Blick zurück nach vorn – YouTube als integraler Bestandteil der Unternehmenskommunikation

13

Brave New Digital World

Ab 2017 werden die sogenannten *Millennials* – also die Generation, welche die im Zeitraum von etwa 1980 bis 1999 geboren wurde – und welche auch als *„Generation Y"* bezeichnet wird die Generation mit der größten Kaufkraft sein. Dies macht diese Gruppe zu einer der begehrtesten Zielgruppen für Unternehmen und Marken. Diese Generation gilt als gut ausgebildet und zeichnet sich durch einen technologieaffinen Lebensstil aus, da es sich um die erste Generation handelt, die größtenteils in einem Umfeld von Internet und mobiler Kommunikation aufgewachsen ist. Dies gilt in noch stärkerem Ausmaß auch für die als *Generation Z* bezeichnete Nachfolge-Generation der Millennials. Ihre Mitglieder kamen von etwa 1995 bis 2010 zur Welt. Bei beiden Generationen – welche für die Kommunikations- und Vermarktungsstrategien vieler Unternehmen immer wichtiger werden – spielt das Vertrauen in Social Media auf allen Ebenen eine wichtige Rolle. Diese Menschen sind ständig online und interessieren sich dafür, was andere Menschen aus ihrem Netzwerk tun – und dies beeinflusst auch ihre Kaufentscheidungen, indem Sie beispielsweise häufig nach Bewertungen und Kommentaren von Produkten und Dienstleistungen anderer Nutzer im Internet suchen. Außerdem zählt beim Kauf nicht das Produkt allein. Die überwiegende Mehrheit bezieht das gesamte Unternehmensangebot in ihre Entscheidung mit ein. Dazu zählen sowohl Erfahrungen aus der Vergangenheit als auch das Markenerlebnis sowie ein professioneller Kundendienst. Insgesamt zählt für diese Generationen aber vor allem eines: Authentizität. Sie wollen einem Unternehmen oder einer Marke erst vertrauen, bevor sie deren Botschaften überhaupt liest.

Die große Frage für Sie ist also, wie Sie diese Zielgruppen effektiv und effizient erreichen. Social Media sind dafür eine gute Adresse, denn die überwiegende

© Springer-Verlag Berlin Heidelberg 2016

M.O. Opresnik und O. Yilmaz, *Die Geheimnisse erfolgreichen YouTube-Marketings*, Geheimnisse des Erfolgs, DOI 10.1007/978-3-662-50317-1_13

Mehrheit der Millennials und Generation Z nutzt mehr als eine Plattform mehr oder weniger häufig. Die kürzlich erschienene Ausgabe der *ARD-/ZDF- Langzeitstudie „Massenkommunikation 2015"* zeigt in aller Deutlichkeit, wohin die Reise geht. Nach Nutzungsdauer liegt das Internet bei allen Erwachsenen bereits an dritter Stelle. Mit deutlichem Abstand führen – noch – die elektronischen Massenmedien TV und Radio. Doch schon bei der so wichtigen werberelevanten Zielgruppe der 14–29-jährigen kehrt sich das Bild ins Gegenteil um: bei Ihnen führt das Internet das Medienfeld mit ebenso großem Abstand längst an (vgl. Abb. 1).

> In der für die Kommunikation der Unternehmen so wichtigen Zielgruppe der *Generationen Y* und *Z* müssen sich TV und Radio schon heute dem Internet geschlagen geben.

Vor diesem Hintergrund müssen sich Unternehmen gleich welcher Branche und Größe diesen Entwicklungen stellen, um diese Zielgruppen effizient und effektiv ansprechen zu können. Damit einher geht auch der im nächsten Abschnitt dargestellte Rückgang der Bedeutung von klassischer TV Werbung für diese Zielgruppen.

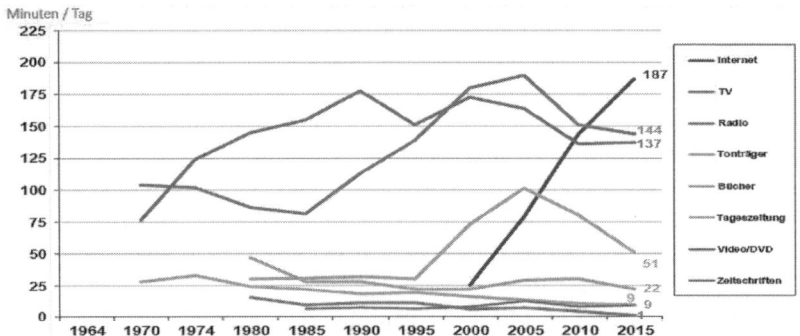

Abb. 1 Mediennutzungsdauer bei 14–29-jährigen 2015. (Quelle: ARD-/ZDF-Langzeitstudie Massenkommunikation 1970–2015)

Der Anfang vom Ende des linearen Fernsehens?
TV-Werbung vs. *YouTube-Werbung*

Während *YouTube* vor nicht allzu langer Zeit von der Fernseh- aber auch Werbeindustrie für Katzen-Content und Amateurvideos in mäßiger Qualität belächelt wurde, zeigt sich mittlerweile deutlich, dass im Rahmen einer nachhaltigen und zukunftsgerichteten Kommunikationsstrategie kein Weg mehr an der Videoplattform vorbeiführen wird. Dies liegt vor allem am bereits thematisierten veränderten Mediennutzungsverhalten der – jungen – Kunden. Mit klassischer Werbung sind sowohl Millennials als auch die Generation Z schwer erreichbar und daher auch kaum zu beeinflussen. Gemäß einer 2015 vom *Forbes Magazin* veröffentlichten Studie der Online-Plattform „*Elite Daily*" glaubt nur ein verschwindend geringer Anteil von 1 % der Millennials, dass ein toller Spot oder eine ansprechende Anzeige ihr Vertrauen in eine Marke herstellen oder steigern kann. Der Grund hierfür ist vor allem die fehlende Authentizität der klassischen Werbung, die als „Schönfärberei" und „nicht echt" klassifiziert wird.

Darüber hinaus drängen Streamingdienste wie *Netflix, Watchever oder amazon Prime* immer stärker auf den Markt und stehen in direkter Konkurrenz zum herkömmlichen klassischen *linearen Fernsehen,* bei dem Fernsehprogramme 1:1 gesendet und direkt empfangen werden. Während in den letzten Jahren häufig noch Geschwindigkeit oder Datenvolumen eine Restriktion darstellten, lassen sich – bedingt durch den Breitbandausbau – problemlos Serien und Filme in HD- oder sogar UHD-Qualität anschauen. Kunden haben auf diese Weise die Möglichkeit für eine monatliche Gebühr das zu sehen was sie wollen und vor allem auch wann sie wollen und dies noch dazu ohne – die von ihnen als störend empfundenen – Werbeunterbrechungen. Vor diesem Hintergrund verliert das Trägermedium TV sukzessive an Bedeutung. *Marc Opelt,* Vertriebsvorstand bei *Otto,* der in einem Interview meint gar, dass klassisches TV und Werbeblöcke als Trägermedium gänzlich vom Markt verschwinden werden.

Was Sie können Sie vor diesem Hintergrund als Unternehmen oder Unternehmen tun, um diese so wichtigen Käufergruppen zu erreichen und an sich zu binden. Grundlegend sollten Sie – aufbauend auf der oben dargestellten Charakterisierung der Zielgruppen – im Rahmen Ihres Social Media Marketings folgende Aspekte, welche sich einander wechselseitig bedingen und beeinflussen, berücksichtigen:

- *Content is King:* Wie an anderer Stelle (vergleichen Sie in diesem Zusammenhang die Ausführungen in Kap. 4) bereits betont, ist Content-Marketing im Rahmen einer effektiven Social Media Strategie unerlässlich. Vertreter der Generationen Y und Z bevorzugen Content und weniger Produkte und teilen diesen gerne, sofern er witzig und intelligent, nützlich ist oder eine spannende Geschichte erzählt. So zeigt beispielsweise eine Studie der *Havas Worldwide* mit dem Titel *„The Hashtag Nation: Marketing to the Selfie Generation"*, dass Marken und deren bereitgestellte Inhalte eine große Rolle für junge Menschen spielen und diese besonders empfänglich für *„Branded Content"* sind. Die Studie – welche das Verhalten von jungen Erwachsenen ab 16 Jahren in 29 verschiedenen Märkten untersucht hat – hat ergeben, dass die große Mehrheit der Befragten diese Inhalte sogar regelmäßig in ihre Social Media Aktivitäten einbinden.

- *Word-of-Mouth-Marketing:* Aufgrund der bereits skizzierten Bereitschaft der Generationen Y und Z, mit Posts, Tweets oder Videos bei Gefallen weiterzuleiten und damit zu interagieren besteht ein wichtiger Erfolgsfaktor des Social Media Marketings diesbezüglich in entsprechendem Word-of-Mouth-Marketing. Sie sollten daher mittels Content- und Word-of-Mouth-Marketing versuchen, diesen Nutzergruppen ansprechenden Content zu bieten und entsprechende „Geschichten" zu erzählen, um positive Bewertungen sowie eine hohe Interaktion sicherzustellen.

- *Kundendialog:* Sie können über *YouTube-Videos* relativ einfach einen Dialog bzw. eine Interaktion mit Ihren Zielgruppen initiieren, indem zum Beispiel mehrfach während des Videos verschiedene Links zu den aktuellen Inhalten eingeblendet werden oder Filme mit entsprechenden Anmerkungen und Frage-stellungen versehen werden. Dies ist deshalb von Bedeutung, da Vertreter der Generationen Y und Z umso eher Fans einer Marke und eines Unternehmens werden und mithin deren Produkte und Dienstleistungen nachfragen, wenn sich diese auch ausreichend mit ihnen in Form von passendem Content aber auch mittels Dialog aktiv auseinandersetzt und engagiert.

Wenn Sie mit Ihren Kundengruppen in den Sozialen Medien interagieren, erhöhen Sie in beträchtlichem Ausmaß die Wahrscheinlichkeit, dass Nutzer Fans einer Marke werden.

- *User-Generated-Content:* Wie bereits im 1. Kap. ausgeführt bildet das Einstellen von Inhalten ins Netz, welche von nicht-professionellen Internetnutzern selbst generiert wurden, einen Kernbestandteil des Web 2.0. Hierzu zählen neben Videos beispielsweise auch Kommentare, Kunden-Bewertungen, Artikel und Audiodateien. Als Unternehmen sollten sie diese Inhalte fördern und anregen und Ihren Nutzern in den

Sozialen Medien zur Verfügung stellen, um besagten Kundendialog zu fördern und die Markenloyalität auf- und auszubauen.

- *User-Generated-Innovation:* Vor dem Hintergrund zunehmenden globalen Wettbewerbs, eines gesteigerten Floprisikos und immer kürzer werdenden Produktlebenszyklen werden Soziale Medien und Online-Communities zu wichtigen Quellen für neuartige Anwenderideen und vor allem hochgradige Innovationen, die in den Entwicklungsprozess eines Unternehmens einfließen können. In zahlreichen Studien wurde nachgewiesen, dass Innovationen oftmals auf die Ideen von sogenannten *Lead-Usern* zurück zu führen sind. Lead User sind dabei trendführender Nutzer bzw. Kunden, deren Bedürfnisse den Anforderungen des Marktes voraus gehen. Dies können Sie aktiv für sich nutzen, indem Sie mittels entsprechender Online-Plattformen im Allgemeinen und *YouTube* im Speziellen, den diese Lead User an Ihr Unternehmen binden, indem Sie in aktiven Austausch mit ihnen treten und mit ihnen interagieren, um auf diese Weise Potenziale für Produkt- und Prozessinnovationen zu identifizieren.

Obwohl TV heute noch in den meisten Fällen die Schlagzahl vorgibt, erhält Online mittlerweile immer mehr eine eigene Inszenierung mit spezifisch produzierten Inhalten, um die unter 34-jährigen noch als Kunden anzusprechen. Von dieser Bedeutung der Video-Plattform zeugt auch die strategische Ausrichtung der Fernsehsender, welche als Konsequenz aus den oben dargestellten Entwicklungen sich u. a. veranlasst sehen, Millionenbeträge in die Netzwerke von *YouTube-Stars* zu investieren, um die werberelevante Zielgruppe der *YouTube-Generation* noch zu erreichen. Wenn beispielsweise *Diana* alias *Dfashion* (459.755 Abonnenten per Februar 2016) in Ihren sogenannten „*DM Haul*"-Videos Drogerieprodukte vor der Kamera präsentiert, ist dies nichts anderes als ein mehrminütiges Werbevideo. Diese Videos, bei denen Produkte aus dem Drogeriemarkt „*DM*" ausgepackt und vorgestellt werden, ist auf *YouTube* mittlerweile zu einer Art Standardformat geworden. Da diese Filme bereits nach wenigen Tagen zumeist mehr als 100.000 Zuschauer gefunden haben, ist es für Werbekunden durchaus attraktiv, wenn eines ihrer Produkte in die Kamera gehalten wird.

Eine aktuelle Studie, für welche das Unternehmen *iconkids & youth* im Auftrag von *Google* 400 Jugendliche im Alter von 13 bis 19 Jahren befragt hat, zeigt die herausragende Bedeutung der berühmter *YouTuber* als Testimonials in Bezug auf die Zielgruppe der Generationen Y und Z. In Sachen Beliebtheit bei Jugendlichen können es deutsche *YouTube-Stars* gemäß der 2016 veröffentlichten Studie nicht nur längst mit den „klassischen Stars" aufnehmen, sie überholen sie sogar teils auf der Beliebtheitsskala und besitzen eine große Vorbildfunktion für Teenager. Zum Beispiel rangieren *Gronkh,* Betreiber des gleichnamigen „*Let's Play-Kanals",* und *LeFloid,* Inhaber des Kanals „*LeFloid"* und bekannt durch sein News-Format „*LeNews",* auf dem gleichen Popularitätslevel wie die US-amerikanische Sängerin *Rihanna* und Schauspieler *Leonardo DiCaprio.* In den Bereichen „*Glaubwürdigkeit",* „*Authentizität"* sowie „*Nähe und Greifbarkeit"* schneiden die *YouTube-Stars* sogar deutlich besser ab als die „klassischen Stars". So wird beispielsweise die erst 19-jährige *Melina Sophie,* die den Kanal „*Melina Sophie"* betreibt, als glaubwürdiges und größeres Vorbild wahrgenommen als US-Star *Rihanna. LeFloid* wird ebenfalls eine stärkere Vorbildfunktion und größere Glaubwürdigkeit zugeschrieben als TV-Entertainer *Stefan Raab* oder Tatort-Kommissar *Til Schweiger.*

Vor diesem Hintergrund hat die deutsche *ProSieben-Sat.1-Gruppe* für 75 Mio. Euro die Mehrheit am US-Netzwerk *Collective Digital Studio* übernommen und darüber hinaus unter dem Namen „*Studio 71"* bereits das größte deutsche *YouTube-Netzwerk* aufgebaut. Das Netzwerk hat u. a. den erfolgreichsten deutschen *YouTuber, Erik Range* alias „*Gronkh",* sowie deutsche Stars wie *Florian Mundt* alias „*LeFloid"* unter Vertrag. Die einflussreichen nationalen wie internationalen *YouTuber* sind mittlerweile eigene Marken, welche für Werbekunden viel Geld wert sind, weil sie in der Altersgruppe der 12–25-jährigen absolute Megastars sind und die Konsumenten diese Altersgruppe für klassische Medien traditionell schwer zu erreichen sind, wie auch *Dr. Sebastian Weil,* Geschäftsführer von *Studio71,* betont.

Erst dank solcher Initiativen und Investitionen in *YouTube-Netzwerke* können TV-Konzerne wie *ProSieben Sat.1* ihren Werbekunden ein Zugang zu dieser begehrten Zielgruppe bieten. Die Bedeutung von YouTube als zentrales Element einer integrierten Kommunikationsstrategie wird damit sowohl für Unternehmen als auch Unternehmer und Personen des öffentlichen Lebens stark zunehmen, unterstreicht *Martin Maibom,* der mit 18 Jahren bereits sein eigenes IT-Service Unternehmen gründete. Es wird in Zukunft immer wichtiger werden für Unternehmen, sich auf Videoplattformen zu präsentieren, da sie dort andere Möglichkeiten der Produkt-, Marken- und Unternehmenspräsentation haben, so der Experte, welcher erfolgreich neue Social Media Strategien für Unternehmen und Personen des öffentlichen Lebens entwickelt. Vor diesem Hintergrund haben bereits 75 % der 100 größten Multi-Channel-Netzwerke auf *YouTube* inzwischen TV-Konzerne als Investoren.

Aufgrund der aufgezeigten Entwicklung und zunehmenden Bedeutung sowie geänderten Mediennutzungsverhaltens der Generationen Y und Z wird *YouTube* als Werbeplattform weiter an Bedeutung gewinnen. Es ist zu erwarten, dass eine Verschmelzung der Medien Fernsehen und Internet weiter voranschreiten und Werbung sich dadurch besser und zielgerichteter platzieren lassen wird.

> Das Fernsehen wird auch in nächster Zeit zum Aufbau von Reichweite und Markenwahrnehmung funktionieren, allerdings nur einhergehend mit einer entsprechenden digitalen Vertiefung.

Die großen medialen Kaminfeuer die großen medialen Kaminfeuer wie *„Wetten, dass …?"*, vor denen sich früher die ganze Familie versammelte, sind ein für alle Mal vorbei.

> Für Unternehmen bedeutet dies, dass eine Marke, welche alle Menschen in Deutschland zu ihrer Zielgruppe rechnet, kein exklusives Leitmedium mehr haben kann.

Obgleich klassisches TV nach wie vor für viele Unternehmen in Bezug auf den Markenaufbau unverzichtbar ist machen Entscheider, wie beispielsweise *Arne Kirchem*, Mediachef des Konsumgüterriesen *Unilever,* zunehmend die Erfahrung, dass entsprechende Fernseh-Kampagnen besser funktionieren, wenn sie mit digitalen Bewegtbild kombiniert werden.

> Vor diesem Hintergrund ist es für Unternehmen enorm von zentraler Bedeutung, eine ganzheitliche Kommunikationsstrategie zu verfolgen und *YouTube* als integralen Bestandteil zu betrachten.

Die Zukunft von YouTube

YouTube entwickelt sich stetig weiter und wächst – und damit auch seine Bedeutung für das Social Media Marketing. Nach der aktuellen *„Social Trends Studie Social Media"* der *Tomorrow Focus AG* aus dem Jahre 2015 schreiben die meisten der Befragten *YouTube* sogar die größten Zukunftschancen von allen Social Media Plattformen zu. Auf die Frage „Welche der folgenden Social Media Plattformen haben Deiner Meinung nach auch in Zukunft Bestand?" votieren 81,3 % für *YouTube* und 79,3 % für *Facebook* während *Twitter* mit 57,4 % schon fast „abgeschlagen" auf dem 3. Platz liegt (vgl. Abb. 2).

> In Zeiten immer weiter steigender Absatzzahlen für mobile Endgeräte und deren technischen Weiterentwicklung werden die Bedeutung von Online-Videos und die Bedeutung von *YouTube* als größte Video-Plattform der Welt zunehmen.

Ursprünglich als Videoplattform gestartet wird *YouTube* in Zukunft das Angebot weiter ausweiten. Einen wichtigen Schritt in diese Richtung stellte bereits das im November 2014 vorgestellte *Music Key* dar, mit welchem YouTube in Konkurrenz zu Musikstreaming-Diensten wie *Spotify* trat. Mit diesem Bezahldienst kam ein Nutzer ohne Anzeigen aus und konnte Musik auch herunterladen, um sie später ohne Internet-Verbindung zu hören. Ende 2015 wurde dieser Dienst dann durch das kostenpflichtige *YouTube Red* ersetzt, das neben werbefreien Videos und

Abb. 2 Zukunftsaussichten von Social Media Plattformen. (Quelle: Tomorrow Focus AG 2015)

speziell von *YouTube-Stars* produzierten Filmen auch ein *Google Play Musik-Abo* enthält. Dieser momentan nur in den USA erhältliche Dienst wird sukzessive auf weitere Länder ausgeweitet und die Bedeutung von *YouTube* als soziales Medium weiter erhöhen.

Ebenfalls ist abzusehen, dass sich der Internetkonsum immer mehr auf mobile Geräte verlagert, was *YouTube* gegenüber dem klassischen linearen TV zugutekommt. Die Zukunft wird damit mehr und mehr mobil – entweder sehen Nutzer die Videos direkt auf dem Smartphone, oder sie verbinden das Smartphone mit einem Streaming-Gerät, um sie auf dem großen Fernseh-Bildschirm zu sehen. Dies wird auch durch aktuelle Studien wie die bereits oben zitierte *„Social Trends Studie Social Media"* der *Tomorrow Focus AG* gestützt nach der die Nutzung von Social Media Plattformen über mobile Geräte wie Smartphone, Tablet, Laptop oder Wearables ansteigt wohingegen die über stationäre Computer abnimmt (vgl. Abb. 3).

Diese Entwicklung wird durch neue Technologien und Entwicklungen weiter beschleunigt, wie beispielsweise dem 5G Mobilfunkstandard, der nächsten Generation der Mobilfunktechnik. 5G soll dabei 100 Mal mehr Nutzer pro

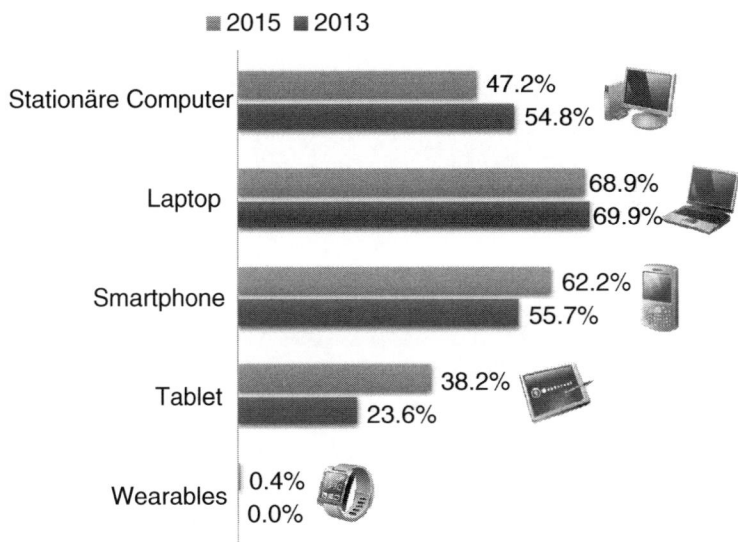

Abb. 3 Gerätenutzung für sozialer Netzwerke im Jahresvergleich 2013–2015. (Quelle: Tomorrow Focus AG 2015 und in Anlehnung an Kreutzer 2016)

Mobilfunkzelle mit besonders schnellem Internet versorgen, als es derzeit eingesetzte Netzte können. Dies wird erforderlich, da der mobile Datenverkehr bis 2020 weltweit um das Achtfache anwachsen wird. Mehr als 1 Exabyte – das entspricht 1 Milliarde Gigabyte – wird dann in digitaler Form pro Tag durch die Luft schwirren (vgl. Abb. 4).

Vor allem aber ist 5G schnell. 100 Megabit pro Sekunde sind das Minimum, einige Telekommunikationsunternehmen gehen gar von einem Gigabit aus. Damit lassen sich komplexe Apps aber auch hochauflösende Videos in Bruchteilen von Sekunden auf das Smartphone laden, was die weitere Verbreitung von Online-Videos und die Entwicklung von *YouTube* sicherlich positiv beeinflussen wird.

> Das Smartphone kontrolliert künftig fast alles.

Von der weiteren Entwicklung von *YouTube* zu einer *Medienplattform* zeugen auch die Aussagen von *Robert Kyncl,* der bei dem Unternehmen das operative Geschäft verantwortet, dass das Unternehmen auch Inhalte für den Fernseher produzieren will wie beispielsweise Filme und Dokumentationen in abendfüllender Länge. So hat *YouTube* bereits diverse Fernsehshows für die Kunden des neuen Abo-Services *YouTube Red* produziert. Diese Entwicklungen legen nahe, dass

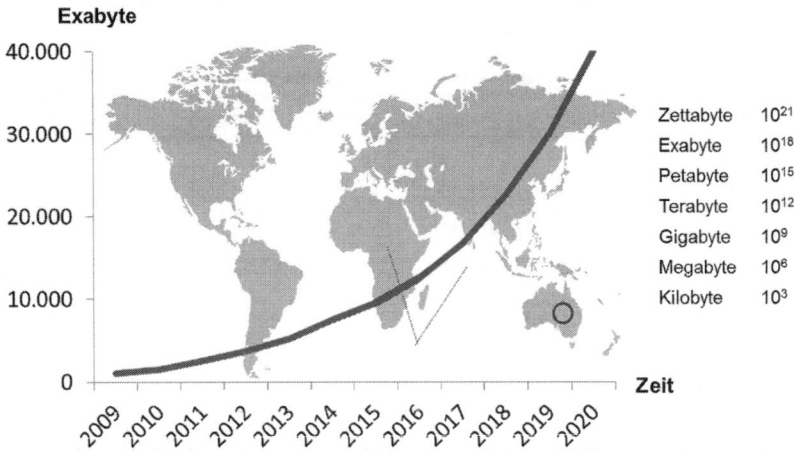

Abb. 4 Entwicklung der weltweiten Datenmenge in Exabytes. (Quelle: in Anlehnung an Kreutzer 2016)

YouTube nicht mehr länger nur eine Videoplattform sein will, sondern zur größten Medienplattform im Internet werden könnte, auf der von Video- über Audiobis hin zu Foto- und Textinhalte das gesamte Medienspektrum abgedeckt wird. Davon zeugt auch die Übertragung eines spektakulären Wettkampfes im März 2016 zwischen Mensch und Computer, welcher bei *YouTube* übertragen wurde. Bei diesem Kräftevergleich zwischen Mensch und Computer trat der 33-jährige Koreaner *Lee Sedol* gegen eine *Google-Software* für das asiatische Brettspiel „*Go*" an. Alle 5 Duelle wurden dabei Live über *YouTube* übertragen und erreichten Rekordeinschaltquoten. So konnte bereits das 1. Video trotz einer Länge von annähernd 4 h bereits nach einem Tag annähernd 2 Mio. Aufrufe verzeichnen.

Ebenfalls absehbar sind weitere Schritte im Bereich *Virtual-Reality* und *Livestream*. Bereits im März 2015 schuf *YouTube* die Möglichkeit, 360-Grad-Videos zu veröffentlichen. Eine Erweiterung, die in Zeiten von VR-Brillen und ähnlichen Komponenten durchaus sinnvoll wirkte. Auch andere Plattformen wie beispielsweise *Facebook* zogen kurze Zeit später nach. Doch bis jetzt sind solche Videos immer mit einem erheblichen Mehraufwand verbunden, da man mehrere Kameras benötigt, um aus den einzelnen Bildern ein Ganzes zu erstellen. Nach übereinstimmenden Berichten mehrere Online-Portale und Blogs steht YouTube in Kontakt mit diversen Kameraherstellern, um eine effektive Umsetzung zu ermöglichen und *360-Grad-Streaming* zu ermöglichen. Wann genau man sich allerdings auf die rundum Livestreams freuen kann, ist zum jetzigen Zeitpunkt (Sommer 2016) allerdings nicht bekannt. Dennoch erscheint eine Umsetzung vielversprechend und richtig, da diese Funktion etwas völlig Neues im Bereich Web-Video wäre. Besonders in Zeiten von VR-Brillen müssen Unternehmen neue Wege gehen, um sich für die Zukunft zu wappnen. Bereits jetzt können 360-Grad-Videos mit dem *Cardboard* von *Google* geschaut werden.

Zusammengenommen lässt sich festhalten, dass sich *YouTube* in einem dauerhaft wandelnden dynamischen Markt befindet und sich permanent von etablierten und neuen Wettbewerbern herausgefordert sieht. Obgleich *YouTube* als Marktführer und mit der Mutter *Google* im Rücken eine hervorragende Ausgangsposition, muss sich das Unternehmen dennoch permanent weiterentwickeln und neu erfinden.

Dazu muss YouTube mit neuen, für Produzenten und Zuschauer, interessanten Funktionen wie zum Beispiel *Streaming* auftrumpfen, um so weitere Märkte zu erschließen. Nur wenn dies gelingt, ist eine nachhaltige Entwicklung zu einer umfassenden Medienplattform, welcher gleichfalls eine große Bedeutung im Marketing-Mix der Unternehmen zukommt, möglich.

Das Wichtigste in Kürze

- In der für die Kommunikation der Unternehmen so wichtigen Zielgruppe der Generationen Y und Z müssen sich TV und Radio schon heute dem Internet geschlagen geben.
- Wenn Sie mit Ihren Kundengruppen in den Sozialen Medien interagieren, erhöhen Sie in beträchtlichem Ausmaß die Wahrscheinlichkeit, dass Nutzer Fans einer Marke werden.
- Das Fernsehen wird auch in nächster Zeit zum Aufbau von Reichweite und Markenwahrnehmung funktionieren, allerdings nur einhergehend mit einer entsprechenden digitalen Vertiefung.
- Für Unternehmen bedeutet dies, dass eine Marke, welche alle Menschen in Deutschland zu ihrer Zielgruppe rechnet, kein exklusives Leitmedium mehr haben kann.
- Vor diesem Hintergrund ist es für Unternehmen enorm von zentraler Bedeutung, eine ganzheitliche Kommunikationsstrategie zu verfolgen und *YouTube* als integralen Bestandteil zu betrachten.
- In Zeiten immer weiter steigender Absatzzahlen für mobile Endgeräte und deren technischen Weiterentwicklung werden die Bedeutung von Online-Videos und die Bedeutung von *YouTube* als größte Video-Plattform der Welt zunehmen.
- Das Smartphone kontrolliert künftig fast alles.

Schlusswort – Übernehmen Sie die Regie

Wie wir gesehen haben ist *YouTube* mehr als nur eine Suchmaschine, nämlich soziales Netzwerk, Präsentationsplattform, ein wichtiges Element im Rahmen der Suchmaschinenoptimierung und noch vieles mehr und sollte deshalb als integraler Bestandteil einer Social Media Marketing Strategie verstanden werden. Der kontinuierliche technische Wandel und das sich weiter verändernde Mediennutzungsverhalten – insbesondere der werberelevanten Zielgruppen – wird die Bedeutung von *YouTube* als integralem Bestandteil einer ganzheitlichen Unternehmenskommunikation weiter erhöhen.

Dieser Ratgeber hat Ihnen fundiert und praxisnah das entsprechende Grundwissen vermittelt, wie Online-Marketing und Kundenkommunikation erfolgreich mittels *YouTube-Videos* gestaltet werden können.

Selbstverständlich werden Sie auch nach der Lektüre dieses Buches noch nicht unmittelbar Umsätze, Gewinn, Kundenanfragen u. a. durch Online-Videos steigern können, jedoch werden Sie mit einer größeren Auswahl an Strategien und einer zunehmenden Sicherheit Online-Marketing mit *YouTube-Videos* betreiben können. Nutzen Sie die Ideen und Konzepte in diesem Ratgeber! Sie werden sich kontinuierlich verbessern, andere Sichtweisen einnehmen und vollkommen neue Möglichkeiten realisieren. Mit dem erlernten und erarbeiteten Wissen haben Sie dafür die Grundlage geschaffen. Übung macht den Meister, in diesem Fall einen exzellenten Produzenten und Regisseur, und durch gewissenhafte, situationsspezifische und zielgerichtete Anwendung der Prinzipien dieses Buches werden Sie zuverlässige Erfolge verzeichnen. Diese werden Sie wiederum bestätigen und motivieren, Ihren persönlichen Weg zu einem nachhaltigen und erfolgreichen Online-Marketing mittels *YouTube-Videos* immer weiter zu gehen. Wie in der Einleitung geschrieben ist dieses Buch als eine Art Reiseführer auf diesem Weg zu sehen. Nehmen Sie ihn daher „unterwegs" immer mal wieder zur Hand,

© Springer-Verlag Berlin Heidelberg 2016

M.O. Opresnik und O. Yilmaz, *Die Geheimnisse erfolgreichen YouTube-Marketings*, Geheimnisse des Erfolgs, DOI 10.1007/978-3-662-50317-1

um Ihre Kenntnisse über die Strategien, Konzepte und Geheimnisse erfolgreichen Online-Marketing mit *YouTube* aufzufrischen, zu ergänzen und zu vertiefen. Hören Sie in diesem Sinne sprichwörtlich niemals auf, zu reisen und Ihren Weg weiterzugehen.

Holen Sie sich durch intensive Lektüre und das Arbeiten mit diesem Buch das Rüstzeug für erfolgreiches Online-Marketing mit *YouTube,* wenden Sie es an, und steigern Sie Ihren Erfolg!

Für diese Reise wünschen wir Ihnen alles Gute und viel Erfolg!

Marc Oliver Opresnik und Oguz Yilmaz

Danksagung

Zunächst einmal möchten wir uns bei Ihnen bedanken, dass Sie uns ein Stück Ihrer Lebenszeit geschenkt haben, indem Sie diesen Ratgeber bis zum Ende gelesen haben.

Als nächstes danken wir allen unseren Interview- und Gesprächspartnern, deren herausragende Erfahrungen zu dem Thema Online-Marketing mit *YouTube-Videos* in besagtes Buch eingeflossen sind und welche uns wertvolle Ratschläge gaben: *Katja Berghoff* (Geschäftsführerin bei der Content Cube GmbH), *Angelika Boese* (Information Manager bei Ogilvy & Mather Germany), *Danica* (16-jährige Gymnasialschülerin), *Dr. Sandra Maria Gronewald* (Moderatorin und Journalistin), *Verena Hantke-Grundner* (Projekt- und Marktforschungsassistent bei Innovation Store), *Nadine Hartleib* (Angestellte in der Finanzbranche und Studentin der Betriebswirtschaftslehre und Wirtschaftspsychologie), *Katalin* (17-jährige Gymnasialschülerin), *Professor Doktor Ralf T. Kreutzer* (Professor für Marketing an der Berlin School of Economics and Law), *Ira Leschner* (Medienkauffrau Digital und Print), *Luca alias Concrafter* (Autor, Gamer und YouTuber), *Martin Maibom* (Account Manager bei Pearson Education), *Sebastian Meichsner alias C-Bas* (Mitglied des Comedy-Trios „Bullshit TV"), *Sarah-Jane Rabenstein* (Junior Controller bei Dream Global Advisors Luxembourg S.à.r.l.), *Oliver Rosenthal* (Industry Leader Creative Agency bei Google), *Sophia* (13-jährige Schülerin einer Gesamtschule in Norddeutschland), *Andreas Wittke* (Manager System Development & Administration am Institut für Lerndienstleistungen der Fachhochschule Lübeck) und *Dr. Philipp Wunderlich* (Manager strategy&).

Bedanken möchten wir uns außerdem ausdrücklich bei *Herrn Thomas Nuss* (Geschäftsführer/COO eprofessional Digital Experts), welcher uns wertvolle Anregungen in Bezug auf die Kap. 8 und 12 gegeben und diese maßgeblich inspiriert und mitverfasst hat.

© Springer-Verlag Berlin Heidelberg 2016   203
M.O. Opresnik und O. Yilmaz, *Die Geheimnisse erfolgreichen YouTube-Marketings*,
Geheimnisse des Erfolgs, DOI 10.1007/978-3-662-50317-1

Weiterhin danken wir dem Springer-Verlag und Herrn *Michael Bursik* für die großartige Betreuung und kompetente Beratung. Sie haben uns mit Rat und Tat zur Seite gestanden und die gesamte Entstehung des Buches professionell begleitet.

Ferner möchten wir allen *YouTubern* und Autoren danken, welche wir in diesem Buch zitieren bzw. deren Ideen in dieses Buch eingeflossen sind. Deren kluge Gedanken, lesenswerte Bücher und großartige Filme haben uns bereichert und inspiriert.

Die Inhalte dieses Ratgebers haben wir in vielen Trainings und Coachings und Workshops in zahlreichen Unternehmen und Institutionen im In- und Ausland erfolgreich angewandt. Durch das Feedback unserer Teilnehmer war es uns möglich, die in diesem Buch dargelegten Strategien, Konzepte und Ideen immer wieder auf deren Praxistauglichkeit und Verständlichkeit zu testen. Wir danken deshalb allen Teilnehmern und unseren Abonnenten für ihr offenes und detailliertes Feedback.

Zu guter Letzt bedanken wir uns ausdrücklich bei unseren Familien, welche uns bei diesem Projekt wiederum großartig unterstützt haben. Sie haben uns in den vergangenen Monaten sehr liebevoll und mit viel Nachsicht unterstützt. Ohne sie wäre das Schreiben dieses Buches nicht möglich gewesen. Wir wissen, was wir Ihnen verdanken!

Marc Oliver Opresnik   *Oguz Yilmaz*
St. Gallen, im April 2016   Köln, im April 2016

Geben Sie uns Ihr Feedback!

Vielleicht haben Sie beim Lesen an der einen oder anderen Stelle gedacht: „Ja, genauso habe ich es selbst oder bei anderen Personen oder Unternehmen erlebt" oder aber: „Nein, bei mir läuft Online-Marketing mit *YouTube* ganz anders". Wie dem auch sei: Wir sind für Kommentare aller Art dankbar, besonders wenn sie mit konkreten Fallbeispielen untermauert sind.

Ein solches Feedback würde uns helfen, die nächste Auflage dieses Buches weiter auszubauen und zu verbessern. Ihre Meinung und Ihre Fallbeschreibungen werden selbstverständlich streng vertraulich behandelt. Sie können sie uns aber auch anonymisiert zusenden.

Vielleicht haben Sie auch Interesse an einem individuellen Seminarkonzept zu Online-Marketing mit *YouTube-Videos* für Sie persönlich oder Ihr Unternehmen? Gerne erstellen wir hier ein maßgeschneidertes Konzept für Sie!

In jedem Falle danken wir Ihnen im Voraus für Ihre Kontaktaufnahme und wünsche Ihnen allzeit viel Erfolg bei Ihre Online-Marketing mit *YouTube-Videos!*

Prof. Dr. Marc Oliver Opresnik
Luebeck University of Applied Sciences
Körperschaft des öffentlichen Rechts
Mönkhofer Weg 239
D-23562 Lübeck
https://www.youtube.com/c/MarcOliverOpresnik
https://twitter.com/MarcOpresnik
opresnik@fh-luebeck.de
www.opresnik-management-consulting.de

© Springer-Verlag Berlin Heidelberg 2016   205
M.O. Opresnik und O. Yilmaz, *Die Geheimnisse erfolgreichen YouTube-Marketings*,
Geheimnisse des Erfolgs, DOI 10.1007/978-3-662-50317-1

Oguz Yilmaz
whylder
Merkensstr. 6
D-50825 Köln
http://twitter.com/oguz
mail@oguz-yilmaz.de
http://www.whylder.com

Literatur

ARD/ZDF. ARD/ZDF-Onlinestudie. http://www.ard-zdf-onlinestudie.de/. Zugegriffen: 22. Apr. 2015.

ARD/ZDF. (2015). ARD-/ZDF-Langzeitstudie „Massenkommunikation 2015". http://www.ard-werbung.de/media-perspektiven/projekte/ardzdf-studie-massenkommunikation/. Zugegriffen: 16. Febr. 2016.

Bannour, K.-P., & Grabs, A. (2011). *Follow me! Erfolgreiches Social Media Marketing mit Facebook*. Bonn: Twitter & Co.

BITKOM. Social Media in deutschen Unternehmen. http://www.bitkom.org/de/publikationen/38338_72124.aspx. Zugegriffen: 22. Apr. 2015.

BVDW. OVK Online-Report 2014/2. http://www.bvdw.org/mybvdw/media/download/report-ovk-report-2014-02.pdf?file=3321. Zugegriffen: 14. Apr. 2015.

BVDW. Social Media Kompass 2014/15. http://www.google.de/url?sa=t&rct=j&q=&esrc=s&source=web&cd=2&ved=0CCsQFjAB&url=http%3A%2F%2Fwww.bvdw.org%2Fmybvdw%2Fmedia%2Fdownload%2Fkompass-social-media-2014-2015.pdf%3File%3D3303&ei=oAotVbbSA4LSaPycgOAD&usg=AFQjCNEVPzotCGi89AO8_Ia1MrRlyvkEJQ&sig2=l1gLaRYRWrNQJ5rJAqFxIg&bvm=bv.90790515,d.bGQ. Zugegriffen: 14. Apr. 2015.

BVDW. Social Media in Unternehmen. http://www.bvdw.org/medien/bvdw-studie-social-media-in-unternehmen?media=5991. Zugegriffen: 02. März 2016.

comScore. (2013). Future in Focus – Digitales Deutschland. http://www.comscore.com/ger/Insights/Praesentationen-und-Whitepapers/2013/2013-Future-in-Focus-Digitales-Deutschland. Zugegriffen: 04. Mai 2015.

Fuest, B. (09. Juli 2015). YouTube-Stars sind die TV-Gesichter von morgen. *Die Welt*, 26–27.

Gerloff, J. (2014). *Erfolgreich auf YouTube*. Heidelberg: mitp.

GfK Crossmedia Link 2015. http://www.gfk.com/de/produkte-a-z/crossmedia-link/. Zugegriffen: 10. Okt. 2015

Hollensen, S., & Opresnik, M. (2015). *Marketing – A relationship perspective* (2. Aufl.). München: Vahlen.

Kirchem, A. (05. März 2015). Wir wollen mehr für unser Geld. *Horizont, 10*.

Kreutzer, R. T. (2014). *Praxisorientiertes Online-Marketing* (2. Aufl.). Wiesbaden: Springer Fachmedien.

© Springer-Verlag Berlin Heidelberg 2016

207

M.O. Opresnik und O. Yilmaz, *Die Geheimnisse erfolgreichen YouTube-Marketings*, Geheimnisse des Erfolgs, DOI 10.1007/978-3-662-50317-1

Kreutzer, R. T. (2016). *Digitaler Darwinismus: Der stille Angriff auf Ihr Geschäftsmodell und Ihre Marke* (2. Aufl.). Wiesbaden: Springer Fachmedien.

Kreutzer, R. T., Rumler, A., & Wille-Baumkauff, B. (2015). *B2B-Online-Marketing und Social Media*. Wiesbaden: Springer Fachmedien.

Land, K.-H. Wie digital fit sind deutsche Unternehmen? http://www.t-systems.ch/ueber-t-systems/digitaler-darwinismus-interview-mit-karl-heinz-land-digital-darwinist-t-systems/1242116. Zugegriffen: 14. Apr. 2015.

Lecinski, J. (2011). ZMOT – *Winning the zero moment of truth*. Chicago: Vook.

Nielsen Media. Skepsis gegenüber Werbung mit in Deutschland ab. http://www.nielsen.com/de/de/insights/presseseite/2013/skepsis-gegenueber-werbung-nimmt-in-deutschland-ab.html. Zugegriffen: 20. Apr. 2015.

Oppelt, M. (17. September 2015). Klassisches TV als Trägermedium wird verschwinden. *Horizont, 38,* 17.

Opresnik, M. (2014). *Die Geheimnisse erfolgreicher Verhandlungsführung. Besser verhandeln – in jeder Beziehung* (2. Aufl.). Berlin: Springer Gabler.

Peppers, D., & Rogers, M. (Hrsg.). (2011). *Managing customer relationships. A strategic framework*. New Jersey: Wiley.

Petouhoff, N. I. (2011). Crowd service: Customers helping other customers, in: D. Peppers & M. Rogers (Hrsg.), *Managing customer relationships. A strategic framework*. (S. 227–234). New Jersey: Wiley.

Schawbel, D. (20. Januar 2015). 10 New findings about the millennial consumer. *Forbes*. http://www.forbes.com/sites/danschawbel/2015/01/20/10-new-findings-about-the-millennial-consumer/#4cd1fa9628a8. Zugegriffen: 22. Febr. 2016.

Schulz, A. (2013). *Marketing mit Online-Videos*. München: Hanser.

Statista. Nutzung von Twitter, Facebook und YouTube durch Fortune Top 100 Unternehmen von 2010 bis 2012. http://de.statista.com/statistik/daten/studie/151704/umfrage/nutzung-der-social-media-dienste-durch-globale-Unternehmen. Zugegriffen: 04. Mai 2015.

Statista. Anzahl Blogs weltweit. http://statista.com/statistik/daten/studie/220178/umfrage/anzahl-der-blogs-weltweit. Zugegriffen: 04. Mai 2015.

Statista. Entwicklung der Online-Werbeausgaben in Deutschland. http://de.statista.com/statistik/daten/studie/71809/umfrage/entwicklung-der-online-werbeausgaben-in-deutschland. Zugegriffen: 04. Mai 2015.

Statista. Nutzung von Video-Plattformen in Deutschland. http://de.statista.com/statistik/daten/studie/71815/umfrage/nutzung-von-video-plattformen-in-deutschland. Zugegriffen: 04. Mai 2015.

Tembrink, C., Szoltysek, M., & Unger, H. (2014). *Online-Marketing mit YouTube*. Köln: O'Reilly.

TNS Connected Consumer Survey, Januar bis März 2015. https://www.thinkwithgoogle.com/intl/de-de/research-study/youtube-creators-studie-glaubwurdig-authentisch-nahbar-1456243916/. Zugegriffen: 26. Febr. 2016.

Tomorrow Focus AG. Social Trends Studie 2015. http://www.tomorrow-focus-media.de/fileadmin/customer_files/public_files/downloads/studien/TFM_Studie_SocialTrends_SocialMedia_2015.pdf. Zugegriffen: 3. März 2016.

Wiesenmüller, A. Studie zeigt: Millenials mögen Branded Content & teilen diesen gerne im Social Web. https://www.meltwater.com/de/blog/millenials-moegen-branded-content/. Zugegriffen: 22. Febr. 2016.

Yarrow, K., & O'Donnell, J. (2009). Gen BuY: How tweens, teens and twenty-somethings are revolutionizing retail. San Francisco: Wiley.

YouTube. Statistik. https://www.youtube.com/yt/press/de/statistics.html. Zugegriffen: 06. Mai 2015.

Ziemann, K., Ulrich, A., & Lampe, B. Online Fundraising. http://www.ngoleitfaden.org/online-kommunizieren/gute-videos-tipps-fuer-konzept-dreh-und-schnitt/. Zugegriffen: 04. Febr. 2016.

Über die Autoren

Marc Oliver Opresnik ist Professor für Marketing und Management sowie Mitglied des Direktoriums beim SGMI Management Institut St. Gallen, eine renommierte international tätige Business School sowie Professor für Allgemeine Betriebswirtschaftslehre an der Luebeck University of Applied Sciences. Darüber hinaus ist er Gastprofessor an internationalen Hochschulen wie der European Business School in London und der East China University of Science and Technology in Shanghai. Dr. Opresnik war zehn Jahre lang erfolgreich im Management eines internationalen Weltkonzerns tätig und ist Autor zahlreicher Artikel und Fachbücher, u. a. des internationalen Marketing-Lehrbuches „Marketing – A Relationship Perspective". Zusammen mit Kevin Keller und Phil Kotler, dem bekanntesten Marketing-Professor der Welt, zeichnet er als Co-Autor für die deutsche Ausgabe von „Marketing Management", der „Bibel des Marketings", verantwortlich. Neben Gary Armstrong und Phil Kotler ist Herr Dr. Opresnik gleichfalls Co-Autor der globalen Ausgabe von „Marketing: An Introduction", einem der weltweit erfolgreichsten Marketing-Lehrbücher. Außerdem ist Herr Dr. Opresnik Mitherausgeber mehrerer Fachzeitschriften und fungiert als Gutachter für diverse Journals, u. a. „Transnational Marketing", „Journal of World Marketing Summit Group" und „International Journal of New Technologies in Science and Engineering".

Darüber hinaus wurde er am 01.03.2014 zum „Chief Research Officer" bei „Kotler Impact Inc.", dem global agierendem Unternehmen von Phil Kotler, ernannt. Er ist zudem als „Chief Executive Officer" für das Kotler Business Program sowie die Kotler Business Schools weltweit verantwortlich.

Herr Dr. Opresnik ist Inhaber des Beratungsunternehmens „Opresnik Management Consulting" und arbeitet als Trainer, Keynote-Speaker und Berater (https://www.youtube.com/c/MarcOliverOpresnik; www.opresnik-

M.O. Opresnik und O. Yilmaz, *Die Geheimnisse erfolgreichen YouTube-Marketings,*
Geheimnisse des Erfolgs, DOI 10.1007/978-3-662-50317-1

management-consulting.de) für zahlreiche Institutionen, Regierungen und internationale Konzerne wie Google, Coca-Cola, McDonald's, Dräger, RWE, SAP, Porsche, Audi, VW, Shell, Unilever, Procter & Gamble, L'Oréal, Bayer, BASF und adidas. Über 100.000 Menschen haben ihn als Referenten auf Kongressen und Symposien und als Trainer in Seminaren zu Marketing, Vertrieb und Verhandlungsführung im In- und Ausland, u. a. in St. Gallen, Davos, St. Moritz, Berlin, Houston, Moskau, London, Paris, Dubai und Tokio erlebt und von seinen Impulsen beruflich wie persönlich profitiert.

Mit seiner langjährigen internationalen Erfahrung zählt Marc Oliver Opresnik weltweit zu den renommiertesten Experten für Marketing, Strategisches Management und Verhandlungsführung.

Oguz Yilmaz war Mitglied von Y-Titty, einem deutschen Comedytrio, das vor allem auf dem Videoportal YouTube aktiv war. Die Gruppe, die hauptsächlich Sketche und Parodien produzierte, gehört mit über 3,1 Mio. Abonnenten und einer Milliarde Aufrufe auf ihren Videos zu den einflussreichsten und erfolgreichsten YouTubern.

Y-Titty hat zwei Bücher, ein Album und mehrere Singles veröffentlicht. 2014 gewann die Gruppe einen Echo in der Kategorie „Bestes Video National" und 2016 wurden sie zur Ehrung ihrer Pionierarbeit in Deutschland als erstes Mitglied in die Hall of Fame der europäischen Webvideo Academy aufgenommen.

Oguz Yilmaz sammelte durch zahlreiche Kooperationen mit namenhaften Marken wie Coca Cola, Electronic Arts, McDonalds, Samsung und O_2 viel Erfahrung im Bereich Branded Entertainment. Seit 2016 berät er als Gründer und Geschäftsführer von „whylder", einer Agentur für digitale Kommunikation, Marken und Medienunternehmen. Gemeinsam mit seinem Kollegen Lukas Schneider, ein weiterer Experte der deutschen Webvideoszene, helfen sie Marken die besten Geschichten im Social Web zu erzählen.

Druck: KN Digital Printforce GmbH · Schockenriedstraße 37 · 70565 Stuttgart